문제은행 2000제 꿀꺽수학

♣ 물방울이 바위를 뚫는 것은 물방울의 강도가
아니라 똑같은 동작의 반복 때문입니다.

♣ 수학 공부도 마찬가지입니다.

♣ 같은 문제, 비슷한 유형의 문제를 반복해서 풀
다보면 아무리 어려운 수학 문제도 여러분의
것이 될 것입니다

2000제 편찬위원회

수학은 국력식 공부는 점수에 반영되는 실질적인 실력을 길러 줍니다.

초·중·고	교재 이름	교재의 특장
초 등 수 학	2000제 꿀꺽수학 4-1(상권),(하권) 4-2(상권),(하권) 2000제 꿀꺽수학 5-가(상권),(하권) 5-나(상권),(하권) 2000제 꿀꺽수학 6-가(상권),(하권) 6-나(상권),(하권)	• 교과서 실력 쌓기를 통하여 수학교과서를 100% 마스터할 수 있습니다. • 수행평가 문제를 통하여 수시로 보는 시험에 완벽하게 대비할 수 있습니다. • 성취도 평가 문제를 통하여 단원평가 시험이나 수학 경시대회에서 100점을 맞을 수 있습니다.
중 등 **수 학**	3000제 꿀꺽수학 1-1, 1-2 3000제 꿀꺽수학 2-1, 2-2 3000제 꿀꺽수학 3-1, 3-2 3000제 실력수학 1-1, 1-2	• 교과서 문제와 각 학교 중간고사, 기말고사, 연합고사 기출문제를 다단계로 구성하여 학년별로 3000여 문제씩 수록하였습니다.
	헤드 투 헤드 실력수학 1-1, 1-2 헤드 투 헤드 실력수학 2-1, 2-2 헤드 투 헤드 고난도 수학 3-1, 3-2	• 수학 공부의 바른 길을 제시한 중학 수학의 정석입니다. • 기본적인 개념·원리부터 수학 경시대회 수준의 문제까지 방대한 내용을 수록한 책입니다.
	원원 e-데이 수학 1-1, 1-2 원원 수학 2500제 2-1, 2-2 원원 수학 2500제 3-1, 3-2	• 교과서의 모든 내용을 문제로 만들어 패턴별로 정리하였습니다. • 교과서의 개념과 원리-예제·문제·연습·종합문제-기출문제의 순서로 내용을 체계화 하였습니다.
고 등 **수 학**	10주 수학 중 1(전과정) 10주 수학 중 2(전과정) 10주 수학 중 3(전과정)	• 중1 수학부터 고1 수학 전과정을 1년에 마스터할 수 있도록 내용을 구성하였습니다. • 대입 수능 수학을 공부하는데 꼭 필요한 기본서로 꾸몄습니다. • 교과서의 기본 개념과 핵심 문제를 빠짐없이 수록하였습니다.
	10주 수학 고 1(상권) 10주 수학 고 1(하권)	
	빌트인 고1수학(상권)	• 고교수학의 기본적인 원리와 개념을 자세히 해설하였습니다. • 핵심적인 문제로 내용을 구성하였습니다.
	라이브 B & A 수학 고 1(상), (하) 라이브 B & A 수학 Ⅰ(상), (하) 라이브 수학 Ⅱ(상), (하) 라이브 수학(미분과 적분)	• 우리 나라와 외국의 교과서 문제, 서울 시내 고등학교의 중간·기말고사 문제, 대입 예비고사, 대입 학력고사, 대입 수능 기출문제를 다단계로 구성하였습니다.

꿀꺽 수학 2000제로 수학의 천재가 될 것입니다.

교과서 실력 쌓기

● 수학책 속의 용어, 기호 등을 모두 수학 문제로 만들어 실었습니다.
● 수학책과 익힘책의 모든 중요 문제를 실었습니다.
● 각 문제마다 비슷한 유형의 문제를 엄선하여 실었습니다.

● 집에서 ➡ 문제은행 2000제로 수학책과 익힘책의 모든 문제 및 이와 비슷한 문제를 공부합니다.
● 학교에서 ➡ 수학책과 익힘책으로 다시 한 번 공부합니다.
● 이렇게 공부하면 여러분은 수학책과 익힘책을 세 번씩 공부한 셈입니다.
　　　　　　　　　➡ 모두 수학 박사 !

중단원평가 문제 (1), (2)

● 각 단원의 중간 부분에 시험 문제와 같은 꼴의 문제를 실었습니다.
● 문제의 어려운 정도에 따라 기본 문제―실력 문제로 나누었습니다.

● 집에서 ➡ 문제은행 2000제의 중단원평가 문제로 시험 공부를 합니다.
● 학교에서 ➡ 쪽지 시험이나 중간·기말 고사 등 각종 시험에서 100점을 맞습니다.

단원 마무리하기 (1), (2)

● 각 단원의 맨 끝에 시험문제와 같은 꼴의 문제를 실었습니다.
● 문제의 어려운 정도에 따라 기본 문제―실력 문제로 나누었습니다.

● 집에서 ➡ 꿀꺽수학 2000제의 단원마무리하기로 시험 공부를 합니다.
● 학교에서 ➡ 단원 평가 시험이나 각종 시험에서 100점을 맞습니다.

고난도 문제

● 이 책의 맨 끝부분에 고난도 문제만 모아서 실었습니다.
● 최상위권 (1%) 학생을 위한 문제로 구성하였습니다.

● 고난도 문제를 많이 실었으므로 각종 수학 경시대회에 대비할 수 있습니다.
● 이 문제를 모두 풀면 여러분은 모두 수학 박사입니다.

꿀꺽 수학 2000제의 차례

5 단원을 시작하면서

- 3학년 2학기까지는 덧셈과 뺄셈의 혼합 계산을 학습하였습니다.
- 이 단원에서는 덧셈, 뺄셈, 곱셈, 나눗셈이 섞여 있는 혼합 계산의 계산 순서를 알고 계산을 능숙하게 하도록 합니다.
- ( )와 { }가 있는 혼합 계산에서 먼저 계산해야 하는 이유를 이해하고 계산 순서에 따라 계산할 수 있도록 합니다.
- 자연수의 범위에서 여러 가지 형태의 복잡한 계산 문제를 정확하게 처리할 수 있도록 하여 높은 단계에서 학습하게 되는 분수, 소수의 혼합 계산을 해결할 수 있는 능력을 가지도록 합니다.

5 단원 학습 목표

① 덧셈과 뺄셈의 혼합 계산 순서를 알고 계산할 수 있다.
② 곱셈과 나눗셈의 혼합 계산 순서를 알고 계산할 수 있다.
③ 덧셈과 뺄셈, 곱셈 또는 나눗셈이 섞여 있는 식의 계산 순서를 알고 계산할 수 있다.
④ ( )와 { }가 있는 식의 계산 순서를 알고 계산할 수 있다.
⑤ 혼합 계산과 관련된 생활 문제를 해결할 수 있다.

혼합 계산

덧셈과 뺄셈의 혼합 계산

[1~3] 버스에 38명이 타고 출발하여 첫째 정류장에서 19명이 내리고 12명이 탔습니다. 지금 버스 안에 있는 사람은 모두 몇 명인지 알아보시오.

01

몇 명인지 알아보는 식을 하나로 써 보시오. _____

02

19명이 내리면 몇 명이 됩니까?

□ −19= □   답 _____

03

12명이 타면 몇 명이 됩니까?

□ +12= □   답 _____

개념 1 덧셈과 뺄셈이 섞여 있는 식의 계산

○ 덧셈과 뺄셈이 섞여 있는 식은 앞(왼쪽)에서부터 차례로 계산합니다.

$$25-13+7 \Rightarrow 25-13+7=19$$
　　①　　　　　　　12
　　　②　　　　　　　　19

[4~5] 오른쪽과 같이 계산 순서를 나타내시오.

$$38-19+12$$
　　　①
　　　　②

04

35+12−20

05

90−15+23

㉮+㉯−㉰ 꼴의 계산

[6~8] 빈칸에 알맞은 수를 쓰시오.

06

35+16−42= □
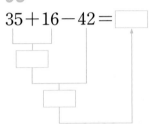

07

42+7−25= □
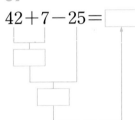

08

53+9−36= □
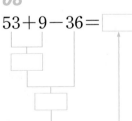

[9~10] 계산을 하시오.

09

36+14−21   _____

10

76+34−51   _____

㉮－㉯＋㉰ 꼴의 계산

【11~13】 빈칸에 알맞은 수를 쓰시오.

11

$35-9+8=$ ☐

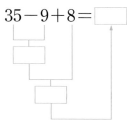

12

$25-10+6=$ ☐

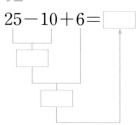

13

$32-25+10=$ ☐

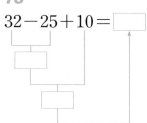

【14~17】 계산을 하시오.

14

$45-13+7$

15

$47-34+20$

16

$55-17+16$

17

$93-15+44$

네 수의 덧셈, 뺄셈 혼합 계산

【18~21】 빈칸에 알맞은 수를 쓰시오.

18

$12+8-13+15=$ ☐

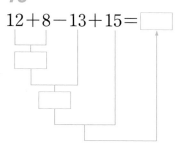

19

$43+9-14+16=$ ☐

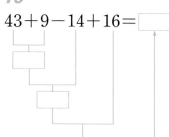

20

$37-4+12-26=$ ☐

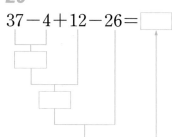

21

$47-8+32-45=$ ☐

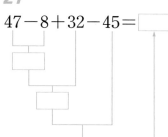

【22~26】 계산을 하시오.

22

$45-17+54-32$

23

$76+35-24-15$

24

$23-9+24-17$

25

$45-9+23-37$

26

$43-37+21-15$

계산 결과의 크기 비교

[27~28] 두 식 ㉮, ㉯의 계산 결과를 비교하여 ○ 안에 >, =, <를 알맞게 쓰시오.

27

㉮ $46-33+7$

㉯ $47+25-32-21$ ㉮ ○ ㉯

28

㉮ $54+16-7-19$

㉯ $42-16+25$ ㉮ ○ ㉯

☐ 안에 알맞은 수 쓰기

[29~30] 빈칸에 알맞은 수를 쓰시오.

29

$100-35+\boxed{}=141$

30

$36-2+\boxed{}-30=19$

덧셈, 뺄셈의 혼합 계산의 활용

[31~34] 하나의 식으로 나타내고 답을 구하시오.

31

사과 52개가 든 상자에서 15개를 꺼내 먹고, 다음 날 17개를 상자에 다시 담았습니다. 상자에는 사과가 몇 개 있습니까?

식 _____

답 _____

32

도현이는 용돈 2000원을 받아 700원짜리 공책 한 권을 사고, 또 심부름을 하여 어머니께 300원을 받았습니다. 도현이가 가지고 있는 돈은 얼마입니까?

식 _____

답 _____

33

민영이네 반은 남학생이 19명, 여학생이 17명입니다. 체육 시간에 체육복을 입은 학생이 33명이라면, 체육복을 입지 않은 학생은 몇 명입니까?

식 _____

답 _____

34

성수네 반은 남학생이 20명, 여학생이 19명입니다. 안경을 쓴 학생이 16명이라면 안경을 쓰지 않은 학생은 몇 명입니까?

식 _____

답 _____

곱셈과 나눗셈의 혼합 계산

【1~3】 72명을 8명씩 모둠으로 만들고, 각 모둠에 참외를 10개씩 나누어 주었습니다. 나누어 준 참외는 모두 몇 개인지 알아보시오.

01

몇 모둠을 만들었습니까?

72÷□=□　　　　　㉙ _____

02

나누어 준 참외는 모두 몇 개입니까?

□×10=□　　　　㉙ _____

03

참외가 몇 개인지 알아보는 식을 하나로 쓰시오. _____

| 개념 **1** | 곱셈과 나눗셈이 섞여 있는 식의 계산 |

➡ 곱셈과 나눗셈이 섞여 있는 식에서는 앞(왼쪽) 부터 차례로 계산합니다.

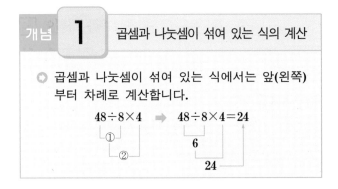

【4~5】 오른쪽과 같이 계산 순서를 쓰시오.

04

5×12÷10

05

32÷4×5

㉙×㉙÷㉙ 꼴의 계산

【6~9】 빈칸에 알맞은 수를 쓰시오.

06

12×7÷4=□÷4
　　①　　②
　　　　　=□

07

15×6÷10=□÷□
　　①
　　　②　　=□

08

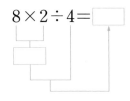

8×2÷4=□

09

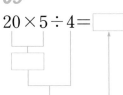

20×5÷4=□

【10~14】 계산을 하시오.

10

40×6÷16 _____

11

36×5÷12

12

$12 \times 8 \div 4$ _____

13

$24 \times 6 \div 12$ _____

14

$12 \times 10 \div 6$ _____

㉮÷㉯×㉰ 꼴의 계산

【15～18】 빈칸에 알맞은 수를 쓰시오.

15

$12 \div 6 \times 7 = \boxed{} \times \boxed{}$
　　①　　　　= $\boxed{}$
　　　②

16

$24 \div 4 \times 9 = \boxed{} \times \boxed{}$
　　①　　　　= $\boxed{}$
　　　②

17

$25 \div 5 \times 5 = \boxed{}$

18

$80 \div 8 \times 7 = \boxed{}$

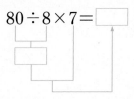

【19～23】 계산을 하시오.

19

$60 \div 5 \times 3$ _____

20

$80 \div 5 \times 6$ _____

21

$90 \div 6 \times 8$ _____

22

$72 \div 3 \times 4$ _____

23

$96 \div 8 \times 5$ _____

【24～25】 두 식의 계산 결과를 비교하여 ◯ 안
　　에 ＞, ＝, ＜를 알맞게 쓰시오.

24

$72 \div 8 \times 6$ ◯ $72 \times 6 \div 8$

25

$24 \div 6 \times 7$ ◯ $24 \times 8 \div 6$

네 수의 곱셈, 나눗셈 혼합 계산

[26~27] 빈칸에 알맞은 수를 쓰시오.

26

$72 \div 3 \times 10 \times 5 =$ ☐

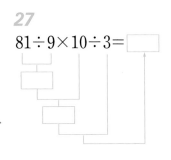

27

$81 \div 9 \times 10 \div 3 =$ ☐

28

$12 \div 3 \times 3 \times 4$

29

$64 \div 8 \times 5 \times 4$

30

$15 \times 6 \div 9 \times 7$

31

$45 \times 3 \div 9 \times 7$

32

$20 \times 6 \div 8 \times 5$

곱셈, 나눗셈의 혼합 계산의 활용

[33~36] 하나의 식으로 나타내고 답을 구하시오.

33

48명을 8명씩 모둠으로 만들고, 각 모둠에 참외를 4개씩 나누어 주었습니다. 나누어 준 참외는 모두 몇 개입니까?

식 _____

답 _____

34

연필 7다스를 4명에게 똑같이 나누어 주려고 합니다. 한 사람에게 몇 자루씩 나누어 주면 됩니까?

식 _____

답 _____

35

장미 150송이를 10송이씩 묶어 꽃다발을 만들고 꽃다발 하나에 10000원씩 받고 모두 팔았습니다. 장미를 판 돈은 얼마입니까?

식 _____

답 _____

36

한 상자에 64개씩 들어 있는 사과 6상자를 12명에게 똑같이 나누어 주려고 합니다. 한 사람에게 몇 개씩 나누어 주면 됩니까?

식 _____

답 _____

( )가 있는 식의 계산(1)

【1~3】 경진이는 500원짜리 빵과 280원짜리 음료수를 한 개씩 사고 1000원짜리를 내었습니다. 거스름돈은 얼마를 받아야 되는지 알아보시오.

01

빵 한 개와 음료수 한 개의 값은 얼마입니까?

$500 + \boxed{} = \boxed{}$ 답 _____

02

거스름돈은 얼마입니까?

$1000 - \boxed{} = \boxed{}$ 답 _____

03

식에서 계산을 먼저 해야 할 부분을 ( )로 묶어 거스름돈을 구하는 식을 하나로 써 보시오. _____

개념 1 ( )가 있는 식의 계산 순서

○ ( )가 있는 식은 ( ) 안을 먼저 계산합니다.

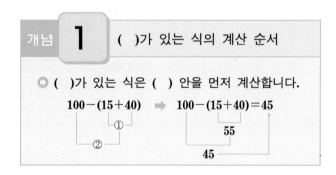

【4~5】 오른쪽과 같이 계산 순서를 쓰시오.

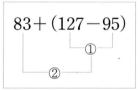

04

$56 - (10 + 22)$

05

$77 - (30 + 20)$

덧셈, 뺄셈, ( )가 혼합된 계산

【6~8】 빈칸에 알맞은 수를 쓰시오.

06

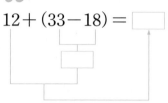

$12 + (33 - 18) = \boxed{}$

07

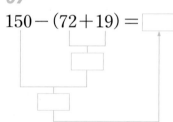

$150 - (72 + 19) = \boxed{}$

08

$47 - (52 - 34) = \boxed{}$

【9~11】 계산을 하시오.

09

$36 - (15 + 14)$

10

$50 - (45 - 22)$

11

$70 - (35 - 20)$

【12~14】 두 식을 계산하고 결과를 비교하여 >, =, <을 ◯ 안에 쓰시오.

12

$52+34-17$ ◯ $52+(34-17)$

13

$138-47+55$ ◯ $138-(47+55)$

14

$174-82-58$ ◯ $174-(82-58)$

활용 문제

【15~16】 ( )를 써서 하나의 식으로 나타내고 답을 구하시오.

15

경준이는 250원짜리 사탕 한 봉지와 550원짜리 음료수 한 개를 사고, 1000원짜리 돈을 내었습니다. 경준이가 받아야 할 거스름돈은 얼마입니까?

식 _____

답 _____

16

찬호는 1000원짜리 공책 한 권과 450원짜리 볼펜을 사고 2000원을 내었습니다. 거스름돈은 얼마입니까?

식 _____

답 _____

곱셈, 나눗셈 ( )가 혼합된 계산

【17~19】 한 명이 종이꽃을 한 시간에 4개씩 만들 수 있다고 합니다. 6명이 종이꽃 72개를 만들려면 몇 시간이 걸리는지 알아보시오.

17

6명이 한 시간에 만들 수 있는 종이꽃은 몇 개입니까?

□ ×6= □   답 _____

18

6명이 종이꽃 72개를 만드는 데 걸리는 시간은 몇 시간입니까?

72÷ □ = □   답 _____

19

식에서 계산을 먼저 해야 할 부분을 ( )로 묶어 보시오. 종이꽃을 만드는 데 걸리는 시간을 하나의 식으로 나타내어 보시오.

_____

【20~21】 오른쪽과 같이 계산 순서를 쓰시오.

$72 \div (4 \times 6)$
① ②

20

$64 \div (2 \times 4)$

21

$15 \times (24 \div 8)$

【22~24】 빈칸에 알맞은 수를 쓰시오.

22

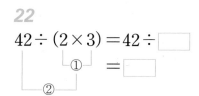

$42 \div (2 \times 3) = 42 \div \boxed{}$
$= \boxed{}$

23

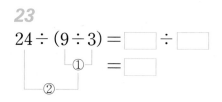

$24 \div (9 \div 3) = \boxed{} \div \boxed{}$
$= \boxed{}$

24

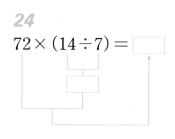

$72 \times (14 \div 7) = \boxed{}$

【25~30】 계산을 하시오.

25

$53 \times (24 \div 8)$

26

$15 \times (104 \div 8)$

27

$30 \times (36 \div 12)$

28

$45 \div (3 \times 5)$

29

$72 \div (12 \times 3)$

30

$100 \div (5 \times 5)$

【31~32】 두 식의 계산 결과를 비교하여 ◯ 안에 >, =, <를 알맞게 쓰시오.

31

$24 \div (2 \times 3)$ ◯ $24 \div 2 \times 3$

32

$72 \div (12 \div 3)$ ◯ $72 \div 12 \div 3$

활용 문제

【33~34】 하나의 식으로 나타내고 답을 구하시오.

33

철수네 반 남학생은 4명씩 3모둠입니다. 48장의 색종이를 철수네 반 남학생에게 똑같이 나누어 주려고 합니다. 한 사람에게 몇 장씩 나누어 주면 됩니까?

식 _____

답 _____

34

한석이네 모둠은 6명입니다. 한 명이 종이 인형을 한 시간에 5개씩 만들 수 있다고 합니다. 6명이 종이 인형 90개를 만들려면 몇 시간이 걸립니까?

식 _____

답 _____

( )가 있는 식의 계산(2)

(㉮+㉯)×㉰, ㉰×(㉮+㉯)
(㉮-㉯)×㉰, ㉰×(㉮-㉯) 꼴의 계산

【1~2】 오른쪽과 같이 계산 순서를 쓰시오.

01
$27×(20+5)$

02
$(30-17)×10$

【3~6】 계산을 하시오.

03
$12×(4-2)$

04
$5×(13+17)$

05
$(15+27)×20$

06
$(45-20)×8$

07
두 식의 계산 결과가 같으면 ◯, 다르면 ×를 하시오.
① $35×(12-8)$
② $(35×12)-8$

08
민수는 빨간 구슬 7개, 파란 구슬 15개를 가지고 있습니다. 현기는 민수가 가진 구슬의 4배를 가지고 있습니다. 현기가 가지고 있는 구슬은 모두 몇 개입니까? 하나의 식으로 나타내고 답하시오.

식 _____

　　㉠ _____

(㉮+㉯)÷㉰, ㉰÷(㉮+㉯),
(㉮-㉯)÷㉰, ㉰÷(㉮-㉯) 꼴의 계산

【9~10】 오른쪽과 같이 계산 순서를 쓰시오.

09
$75÷(30-5)$

10
$(63+17)÷8$

【11~14】 계산을 하시오.

11
$20÷(6-4)$

12
$96÷(11+5)$

13
$(120-8)÷16$

14

$(36+72)\div 12$

15

두 식의 계산 결과가 같으면 ○, 다르면 ×를 하시오.

① $(80+40)\div 5$

② $80+(40\div 5)$

16

무게가 같은 사탕 6개를 상자에 넣어 무게를 재어 보니 1100 g이었습니다. 여기에 똑같은 사탕 4개를 더 올려 놓고 무게를 재었더니 1700 g이었습니다. 사탕 1개의 무게는 몇 g입니까? 하나의 식으로 나타내고 답을 구하시오.

식 _____

ⓐ _____

( )가 2개 있는 식의 계산

【17~18】 오른쪽과 같이 계산 순서를 쓰시오.

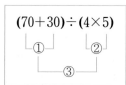

17

$(13+47)\div (15\div 3)$

18

$(15+27)\times (50-44)$

【19~25】 계산을 하시오.

19

$(12+14)\times (40-36)$

20

$(70-55)\times (35+15)$

21

$(300-120)\times (80\div 40)$

22

$(27+18)\div (25\div 5)$

23

$(200-80)\div (4\times 5)$

24

$(30+90)\div (4\times 3)$

25

$(75+25)\div (200-180)$

중단원 평가 문제(1)

덧셈과 뺄셈의 혼합 계산~
( )가 있는 식의 계산

01
계산 결과가 가장 큰 것의 번호를 쓰시오.

① $27+53-43$　　② $41-26+76$
③ $74-36+14$　　④ $44+13-32$

02
계산이 옳은 것을 모두 고르시오.

① $29+21-15-4=30$
② $95-32+41-73=31$
③ $35-17+23-12=27$
④ $45-14+15-27=19$

03
계산 결과가 가장 작은 것의 번호를 쓰시오.

① $80-(43+16)$
② $96-(136-125)$
③ $73-(55-29)$
④ $45-(62-36)$

04
①, ②, ③, ④의 합을 구하시오.

① $14\times6\div4$　　② $30\div6\times8$
③ $36\div9\times3$　　④ $4\times8\div16$

05
계산 결과가 큰 것부터 차례로 번호를 쓰시오.

① $12\times8\div6\div4$
② $16\times10\div4\div5$
③ $24\div12\times5\times2$

06
계산이 옳지 않은 것을 모두 고르시오.

① $10\times(63\div9)=70$
② $72\div(6\times2)=24$
③ $12\times(20\div4)=60$
④ $36\div(15\div5)=12$
⑤ $96\div(24\div2)=2$

07
계산이 옳은 것을 모두 고르시오.

① $39-5+15-16=33$
② $95-(57-31)=7$
③ $125\times(16\div8)=250$
④ $625\div(25\div5)=5$

08
계산을 하시오.

(1) $(75-25)\times12=$
(2) $16\times(25+45)=$
(3) $(27+63)\div15=$
(4) $225\div(27-12)=$

09
계산을 하시오.

(1) $(6+9)\times(12-4)$
(2) $(12+33)\div(3\times5)$
(3) $(200-40)\div(96\div12)$
(4) $(15+45)\div(25-13)$

10

다음 식이 성립하도록 ○ 안에 +, − 기호를 쓰시오.

$$45-20 \bigcirc 11 \bigcirc 9=27$$

11

다음 식이 성립하도록 ○ 안에 ×, ÷ 기호를 쓰시오.

$$96 \bigcirc 12 \times 10 \bigcirc 5=16$$

12

다음 식이 성립하도록 적당히 ( )로 묶으시오.

$$18 \div 12 \div 4 \times 2=12$$

13

□ 안에 알맞은 수를 쓰시오.

$$85-(32+\boxed{})=20$$

【14~18】 하나의 식으로 나타내고 답을 구하시오.

14

송미네 반은 남학생이 19명, 여학생이 16명입니다. 수학 학원에 다니는 학생이 24명이라면 수학 학원에 다니고 있지 않은 학생은 몇 명입니까?

식 _____ 답 _____

15

영규네 제과점에서는 빵을 어제는 650개, 오늘은 750개를 만들었습니다. 그 중에서 830개를 팔았습니다. 남은 빵은 몇 개입니까?

식 _____ 답 _____

16

버스에 42명이 타고 출발하여 첫째 정거장에서 29명이 내리고, 16명이 탔습니다. 지금 버스에 타고 있는 사람은 몇 명입니까?

식 _____ 답 _____

17

사과가 한 상자에 60개씩 들어 있습니다. 사과 2상자를 8사람에게 똑같이 나누어 주면 한 사람이 몇 개씩 가지게 됩니까?

식 _____ 답 _____

18

연필 6다스를 8사람에게 똑같이 나누어 주려고 합니다. 한 사람에게 몇 자루씩 나누어 주면 됩니까?

식 _____ 답 _____

중단원 평가 문제(2)

덧셈과 뺄셈의 혼합계산~
( )가 있는 식의 계산

01
□ 안에 알맞은 수를 쓰시오.

$$100 \times (50 \div \square) = 200$$

02
계산 결과를 비교하여 ○ 안에 >, =, < 를 써 넣으시오.

$$50 - (4 + 6) \quad \bigcirc \quad 50 - 4 + 6$$

03
계산 결과를 비교하여 ○ 안에 >, =, < 를 써 넣으시오.

$$72 \div 4 \times 6 \quad \bigcirc \quad 72 \div (4 \times 6)$$

04
( )를 생략해도 계산 결과가 같은 것을 모두 고르시오.

① $12 + (10 - 3)$

② $25 - (9 - 6)$

③ $(31 - 15) - 3$

④ $36 - (5 + 6)$

⑤ $15 + (30 - 20)$

05
( )를 생략해도 계산 결과가 같은 것을 모두 고르시오.

① $10 \times (20 \div 4)$

② $(50 \div 5) \times 7$

③ $100 \div (20 \div 5)$

④ $200 \div (10 \times 4)$

⑤ $30 \times (5 \times 4)$

06
계산이 맞도록 알맞은 곳에 ( )를 하시오.

$$75 - 35 + 15 + 21 = 46$$

07
계산이 맞도록 알맞은 곳에 ( )를 하시오.

$$144 \times 20 \div 40 \times 9 = 8$$

08
계산 결과가 가장 큰 것을 찾아 번호를 쓰시오.

① $72 \div 6 \times 4$ ② $72 \div (6 \times 4)$

③ $72 \times 6 \div 4$ ④ $72 \times (6 - 4)$

09
계산 결과가 가장 큰 것의 번호를 쓰시오.

① $(6 + 7) \times 11$

② $15 \times (7 + 3)$

③ $(40 - 26) \times 10$

④ $9 \times (25 - 10)$

10
계산 결과가 가장 작은 것의 번호를 쓰시오.

① $(15 + 12) \div 9$

② $(75 - 15) \div 12$

③ $200 \div (24 + 16)$

④ $96 \div (20 - 8)$

11

계산 결과가 큰 것부터 차례로 번호를 쓰시오.

① $(100-8) \div (15-11)$

② $(24+16) \div (20-12)$

③ $(20-14) \times (25-10)$

④ $(4+6) \times (7+8)$

[12~18] 하나의 식으로 나타내고 답을 구하시오.

12

윤규네 반 학생은 40명이고, 한 모둠에 4명씩입니다. 색종이 160장을 각 모둠에 똑같이 나누어 주려고 합니다. 한 모둠에 몇 장씩 나누어 주면 됩니까?

식 _____ 답 _____

13

민기네 반 학생은 5명씩 7모둠입니다. 사탕 210개를 학생들에게 똑같이 나누어 주려고 합니다. 한 사람에게 몇 개씩 나누어 주면 됩니까?

식 _____ 답 _____

14

36명을 한 모둠에 4명씩 모둠으로 만들고, 각 모둠에 빵을 10개씩 나누어 주려고 합니다. 빵은 모두 몇 개 필요합니까?

식 _____ 답 _____

15

수박 56통이 있습니다. 어제는 20통을 팔고, 오늘은 12통을 팔았다면 남은 수박은 몇 통입니까?

식 _____ 답 _____

16

유미는 750원짜리 아이스크림 한 개와 600원짜리 빵 한 개를 사고 2000원을 내었습니다. 유미가 받아야 할 거스름돈은 얼마입니까?

식 _____ 답 _____

17

창수의 나이는 12살이고, 고모의 나이는 27살입니다. 창수 어머니의 나이는 창수와 고모의 나이 차의 3배입니다. 어머니의 나이는 몇 살입니까?

식 _____ 답 _____

18

무게가 같은 타일 5개를 상자에 넣고 무게를 재었더니 925 g이었습니다.
이 상자에 타일을 8개 더 넣고 무게를 재었더니 1925 g이었습니다. 타일 1개의 무게는 몇 g입니까?

식 _____ 답 _____

더 높은 수준의 실력을 원하는 학생은 이 책 121 쪽에 있는 고난도 문제에 도전하세요.

덧셈, 뺄셈과 곱셈의 혼합 계산

[1~3] 영수네 반 34명은 5명씩 6팀으로 나누어 같이 농구를 하고, 나머지는 다른 반 학생 3명과 함께 구경하였습니다. 구경한 학생은 모두 몇 명인지 알아보시오.

01

영수네 반 학생 중에서 구경한 학생은 몇 명입니까 ?

$34-(\boxed{} \times \boxed{})=\boxed{}$ 답 _____

02

구경한 학생은 모두 몇 명입니까 ?

$\boxed{}+3=\boxed{}$ 답 _____

03

구경한 학생은 모두 몇 명인지 알아보는 식을 하나로 써 보시오.

_____

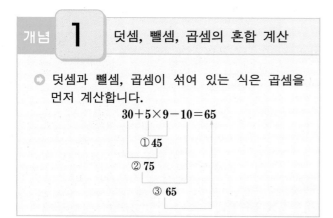

개념 1 덧셈, 뺄셈, 곱셈의 혼합 계산

○ 덧셈과 뺄셈, 곱셈이 섞여 있는 식은 곱셈을 먼저 계산합니다.

$$30+5\times9-10=65$$
①45
②75
③65

계산 순서

[4~5] 오른쪽과 같이 계산 순서를 쓰시오.

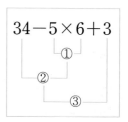

$34-5\times6+3$
①
②
③

04
$64-3\times9+7$

05
$41+9\times3-5$

㉮＋㉯×㉰, ㉮－㉯×㉰ 꼴의 계산

[6~13] 계산을 하시오.

06
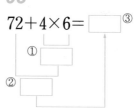

$72+4\times6=\boxed{}$ ③
①
②

07

$38+6\times9=38+\boxed{}=\boxed{}$
①
②

08
$29+5\times3$ _____

09
$45+3\times10$ _____

10

$45-2\times5=\boxed{}$ ③
①
②

11

$92-5\times7=92-\boxed{}=\boxed{}$

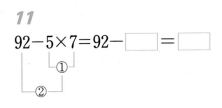

12

$50-3\times9$

13

$81-6\times7$

㉮±㉯×㉰±㉱ 꼴의 계산

【14~25】 계산을 하시오.

14

$20+3\times7-13=\boxed{}$ ④

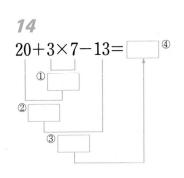

15

$78-16\times3-25=\boxed{}$ ④

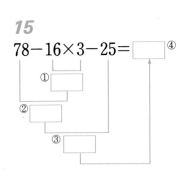

16

$54-7\times4+7=\boxed{}$ ③

17

$72-9\times5+10=\boxed{}$ ③

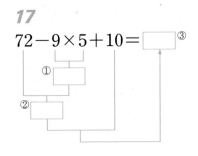

18

$30+5\times9-10=30+\boxed{}-10$
$\qquad\qquad\qquad=\boxed{}-10$
$\qquad\qquad\qquad=\boxed{}$

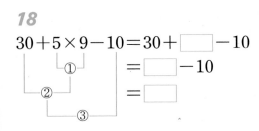

19

$29-5\times3+40=29-\boxed{}+40$
$\qquad\qquad\qquad=\boxed{}+40$
$\qquad\qquad\qquad=\boxed{}$

20

$64-3\times8+9=64-\boxed{}+9$
$\qquad\qquad\qquad=\boxed{}+9$
$\qquad\qquad\qquad=\boxed{}$

21

$30+4\times9-27$ _____

22

$24-2\times3+15$ _____

23

$99+34-7\times8$ _____

24

$54-7\times4+7$ _____

25

$120-51-6\times4$ _____

㉮×㉯±㉰×㉱ 꼴의 계산

【26~29】 계산을 하시오.

26

$12\times4+10\times5$ _____

27

$15\times3-11\times2$ _____

28

$17\times5-16\times4$ _____

29

$120-11\times5+7\times4$ _____

☐ 안에 알맞은 수 넣기

【30~32】 빈칸에 알맞은 수를 쓰시오.

30

$10+9\times\boxed{}=73$

31

$15+\boxed{}-14\times3=19$

32

$\boxed{}-5\times7+10=15$

활용 문제

【33~35】 하나의 식으로 나타내고 답을 구하시오.

33

인호네 반 남학생 19명은 한 모둠에 4명씩 3모둠으로 나누어 운동장 청소를 하고, 나머지 남학생은 여학생 13명과 함께 교실 청소를 하였습니다. 교실 청소를 한 학생은 몇 명입니까?

식 _____

답 _____

34

효진이는 어제 2000원을 가지고 한 자루에 200원 하는 연필 8자루를 샀습니다. 오늘은 어제 남은 돈으로 공책을 사려고 하니 500원이 부족하여 아버지께 500원을 타서 공책을 샀습니다. 효진이가 산 공책의 값은 얼마입니까?

식 _____

답 _____

35

영규는 3000원을 가지고 누나와 함께 공책과 필통을 사기 위해서 문구점에 갔습니다. 350원짜리 공책 6권과 필통 한 개를 샀는데 1000원이 부족하여 누나가 더 내주었습니다. 영규가 산 필통의 값은 얼마입니까?

식 _____

답 _____

덧셈, 뺄셈과 나눗셈의 혼합 계산

【1~3】 영수는 밤을 하루에 50개, 민영이는 이틀에 90개, 미숙이는 하루에 65개를 주었습니다. 영수와 민영이가 하루에 주운 밤은 미숙이가 하루에 주운 밤보다 몇 개 더 많은지 알아보시오.

01

영수와 민영이가 하루에 주운 밤은 모두 몇 개입니까?

50+(☐÷☐)=☐   답 _____

02

영수와 민영이가 하루에 주운 밤은 미숙이가 하루에 주운 밤보다 몇 개 더 많습니까?

☐−65=☐   답 _____

03

밤이 몇 개 더 많은지 알아보는 식을 하나로 쓰시오.

_____

개념 **1** 덧셈, 뺄셈, 나눗셈의 혼합 계산

○ 덧셈과 뺄셈, 나눗셈이 섞여 있는 식은 나눗셈을 먼저 계산합니다.

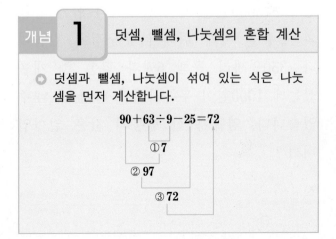

$$90+63÷9-25=72$$
①7
②97
③72

계산 순서

【4~5】 오른쪽과 같이 계산 순서를 쓰시오.

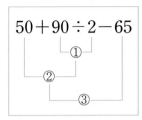

$$50+90÷2-65$$
①
②
③

04
$5+20÷4-9$

05
$24-36÷4+7$

㉮＋㉯÷㉰, ㉮－㉯÷㉰ 꼴의 계산

【6~13】 계산을 하시오.

06

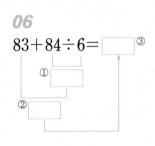

$83+84÷6=$☐ ③
① ☐
② ☐

07

$12+6÷2=12+$☐$=$☐
①
②

08
$36+40÷2$ _____

09
$15+96÷8$ _____

10

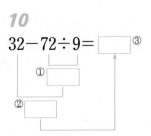

$32-72÷9=$☐ ③
① ☐
② ☐

11

$83-84÷6=83-$ ⬚ $=$ ⬚

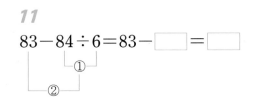

12

$75-60÷5$ _____

13

$75-50÷5$ _____

㉮±㉯÷㉰±㉱ 꼴의 계산

【14~29】 계산을 하시오.

14

$90+63÷9-25=$ ⬚ ④

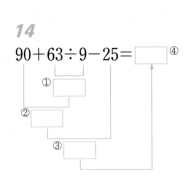

15

$24-18÷3+47=24-$ ⬚ $+47$
           $=$ ⬚ $+47$
           $=$ ⬚

16

$15+20÷4-10$ _____

17

$150+75÷5-80$ _____

18

$23-96÷8+20$ _____

19

$20+240÷2-12$ _____

20

$90-30÷6+25$ _____

21

$29+56÷8-18$ _____

22

$90-25+63÷9=$ ⬚ ④

23

$72-37+30÷6$ _____

24

$100-35+72÷8$ _____

25

$75+80-45÷9$ _____

26

$40 \div 8 + 56 \div 7 =$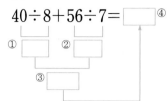

27

$76 \div 4 - 49 \div 7$ _____

28

$36 - 42 \div 3 + 36 \div 4$ _____

29

$60 \div 12 + 21 - 54 \div 9$ _____

☐ 안에 알맞은 수 넣기

【30~32】 빈칸에 알맞은 수를 쓰시오.

30

$73 - \boxed{} \div 6 = 59$

31

$80 + 72 \div \boxed{} - 45 = 47$

32

$55 \div 5 + \boxed{} \div 10 = 21$

활용 문제

【33~36】 하나의 식으로 나타내고 답을 구하시오.

33

혜선이는 한 시간에 종이학 25마리를 접고, 은진이는 4시간에 64마리를 접습니다. 혜선이와 은진이가 한 시간 동안 종이학을 접은 후 20마리를 정선이에게 주었습니다. 정선이에게 주고 남은 종이학의 수는 몇 마리입니까?

식 _____

답 _____

34

여학생 12명은 6명씩 모둠을 만들고, 남학생 9명은 3명씩 모둠을 만들었습니다. 만든 모둠은 모두 몇 모둠입니까?

식 _____

답 _____

35

선희는 5권에 1000원 하는 공책 1권과 4개에 600원 하는 지우개 1개를 샀습니다. 선희는 모두 얼마를 내야합니까?

식 _____

답 _____

36

㉠라면은 7개에 5670원이고, ㉡라면은 4개에 3600원입니다. ㉡라면 1개는 ㉠라면 1개보다 얼마나 더 비쌉니까?

식 _____

답 _____

덧셈, 뺄셈, 곱셈, 나눗셈의 혼합 계산

【3~18】 계산을 하시오.

개념 1 4칙의 혼합 계산

○ ( )가 없고 덧셈, 뺄셈, 곱셈, 나눗셈이 섞여 있는 식에서는 곱셈이나 나눗셈을 먼저 계산합니다.
❶ 곱셈, 나눗셈은 왼쪽부터 차례로 계산합니다.
❷ 덧셈, 뺄셈은 왼쪽부터 차례로 계산합니다.

계산 순서

【1~2】 오른쪽과 같이 계산 순서를 쓰시오.

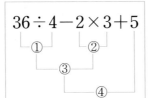

01

$40 \times 5 - 72 \div 3 + 15$

02

$24 + 54 \div 9 - 5 \times 3$

03

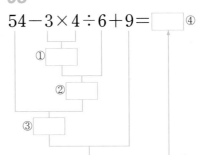

$54 - 3 \times 4 \div 6 + 9 = \boxed{}$ ④

04

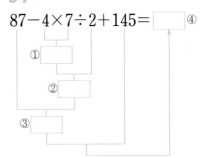

$87 - 4 \times 7 \div 2 + 145 = \boxed{}$ ④

05

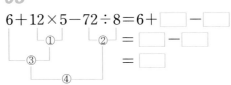

$6 + 12 \times 5 - 72 \div 8 = 6 + \boxed{} - \boxed{}$
$\qquad\qquad = \boxed{} - \boxed{}$
$\qquad\qquad = \boxed{}$

06

$9 - 2 \times 3 \div 6 + 2 = 9 - \boxed{} \div 6 + 2$
$\qquad\qquad\qquad = 9 - \boxed{} + 2$
$\qquad\qquad\qquad = \boxed{} + 2$
$\qquad\qquad\qquad = \boxed{}$

07

$36 \div 4 - 2 \times 3 + 5$

08

$40 \times 5 - 72 \div 3 + 15$

09

$80-3\times8\div12+8$ _____

10

$45+72\div9\times3-20$ _____

11

$77+84\div12\times2-55$ _____

12

$4\times3+51\div3-5$ _____

13

$5\times6+72\div8-10$ _____

14

$70-15\times3+18\div2$ _____

15

$100-20\times4+40\div8$ _____

16

$25+35\div5-6\div2\times5$ _____

17

$45+64\div8-12\div3\times10$ _____

18

$50+90\div10-20\div5\times3$ _____

□ 안에 알맞은 수 넣기

【19~21】 빈칸에 알맞은 수를 쓰시오.

19

$7\times8+\boxed{}\div5=62$

20

$40\times5-72\div\boxed{}+16=208$

21

$4\times\boxed{}+75\div3-15=30$

활용 문제

【22~23】 하나의 식으로 나타내고 답을 구하시오.

22

진영이는 구슬을 35개 가지고 있습니다. 현배는 한 상자에 140개 들어 있는 구슬을 7명이 똑같이 나누어 한 부분을 가졌습니다. 경수는 8개씩 든 구슬 주머니를 3개 가지고 있습니다. 현배와 경수가 가진 구슬은 진영이가 가진 구슬보다 몇 개가 더 많습니까?

식 _____

답 _____

23

영숙이는 색종이를 27장 가지고 있습니다. 인철이는 한 갑에 120장이 들어 있는 색종이를 6명이 똑같이 나누어 한 묶음을 가졌습니다. 명수는 8장씩 묶은 색종이를 5묶음 가지고 있습니다. 영숙이와 인철이가 가진 색종이는 명수가 가진 색종이보다 몇 장이 많습니까?

식 _____

답 _____

{ }가 있는 혼합 계산

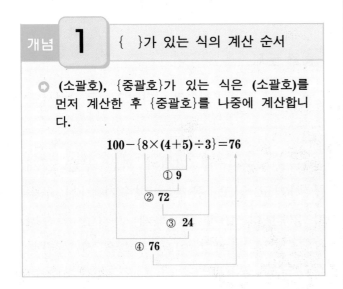

개념 1 { }가 있는 식의 계산 순서

○ (소괄호), {중괄호}가 있는 식은 (소괄호)를 먼저 계산한 후 {중괄호}를 나중에 계산합니다.

$$100-\{8\times(4+5)\div3\}=76$$

① 9
② 72
③ 24
④ 76

계산 순서

【1~2】 오른쪽과 같이 계산 순서를 쓰시오.

$$50\div\{15+(13-6)\times5\}$$

①
②
③
④

01

$$20\times\{(6-1)+5\}\div2$$

02

$$77-\{8\times(11-5)+3\}$$

계산하기

【3~13】 계산을 하시오.

03

$$50-\{(9\times6+2)\div4\}=\boxed{}⑤$$

①
②
③
④

04

$$3\times\{(10+4)-8\}\div2=\boxed{}⑤$$

①
②
③
④

05

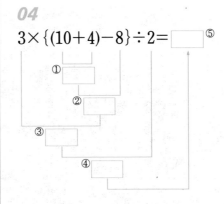

$$2\times(6-5)+36\div9=2\times\boxed{}+36\div9$$

① ③ $=\boxed{}+36\div9$
② $=\boxed{}+\boxed{}$
④ $=\boxed{}$

06

$$3\times(10+7)-8\div2=3\times\boxed{}-8\div2$$

① ③ $=\boxed{}-8\div2$
② $=\boxed{}-\boxed{}$
④ $=\boxed{}$

07

$$32-\{8\times(6-4)\}$$ _____

08

$$30-\{(2+3)\times4\}$$

09

$6 \times \{22-(2+3) \times 4\}$ _____

10

$80-\{4 \times (3+6)-2\}$ _____

11

$54+\{(41-5) \div 4-5\}$ _____

12

$71-\{(12+8) \times 4 \div 8\}$ _____

13

$\{27+(49-7) \div 6\} \times 2$ _____

대소 비교

【14~15】 두 수 ㉮, ㉯의 대소를 비교하여 <, =, >로 나타내시오.

14

㉮ $36 \div \{(17-5) \times 2-6\}$
㉯ $\{(90-6) \div 14+4\} \div 5$

㉮ ◯ ㉯

15

㉮ $(7-2) \times \{3+(9-4)\}$
㉯ $75 \div \{(16-4) \times 6-57\}$

㉮ ◯ ㉯

□ 안에 알맞은 수 넣기

【16~18】 빈칸에 알맞은 수를 쓰시오.

16

$\{(47-5) \div 7+31\}-\boxed{}=12$

17

$\{(182-22) \div 8-16\} \times \boxed{}=24$

18

$\{\boxed{}-(8+4 \times 3)\} \div 10=8$

활용 문제

【19~21】 하나의 식으로 나타내고 답을 구하시오.

19

현수는 노란 구슬 33개와 파란 구슬 27개를 가지고 있고, 윤호는 현수가 가진 구슬의 3배보다 10개 더 적게 가지고 있습니다. 윤호가 가지고 있는 구슬을 한 사람에게 5개씩 준다면 몇 명에게 줄 수 있습니까?

식 _____

답 _____

20

과일 가게에서 사과를 24개, 배를 16개 사고, 대추는 사과와 배를 합한 것의 2배보다 13개 더 샀습니다. 대추를 봉지 3개에 똑같은 개수로 나누어 담을 때 봉지 하나에 들어 있는 대추는 몇 개입니까?

식 _____

답 _____

21

사탕 7개와 한 개에 600원 하는 빵 3개를 사고 10000원을 내었더니 거스름 돈이 6100원 이었습니다. 사탕 1개의 값은 얼마입니까?

식 _____

답 _____

혼합 계산

개념 **1**   괄호가 있는 혼합 계산의 순서

❶ **( )** 안을 제일 먼저 계산합니다.
❷ **{ }** 안을 계산합니다.
❸ **곱셈, 나눗셈을 덧셈, 뺄셈보다 먼저 계산합니다.**
❹ **곱셈, 나눗셈은 왼쪽부터 계산합니다.**
❺ **덧셈, 뺄셈은 왼쪽부터 계산합니다.**

$$36 \div 4 + \{2 \times (3+5) - 6\} = 19$$

① 8
④ 9   ② 16
③ 10
⑤ 19

계산 순서

【1~3】 보기와 같이 계산 순서를 쓰시오.

보기 $23 - \{8 \times (2+3) - 36\} \div 4$
     ①   ②   ③   ④   ⑤

답 ③, ②, ④, ⑤, ①

01
$9 + \{(6+12) \div 3 - 4\} \times 7$
  ①   ②   ③ ④   ⑤

답

02
$120 - \{36 + 55 \div (3 + 2 \times 4)\}$
  ①   ②   ③   ④   ⑤

답

03
$\{(37-10) \div 9 + 16\} + 3 \times 9$
  ①   ②   ③   ④   ⑤

답

6개의 수의 혼합 계산

【4~13】 계산을 하시오.

04
$54 + \{(41-5) \div 4 + 59\} - 27 = \boxed{}$ ⑥

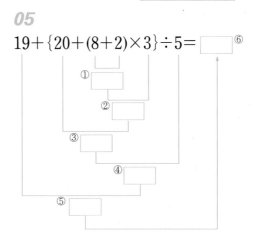

05
$19 + \{20 + (8+2) \times 3\} \div 5 = \boxed{}$ ⑥

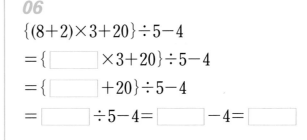

06
$\{(8+2) \times 3 + 20\} \div 5 - 4$
$= \{\boxed{} \times 3 + 20\} \div 5 - 4$
$= \{\boxed{} + 20\} \div 5 - 4$
$= \boxed{} \div 5 - 4 = \boxed{} - 4 = \boxed{}$

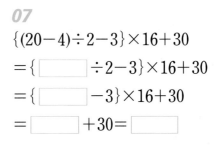

07
$\{(20-4) \div 2 - 3\} \times 16 + 30$
$= \{\boxed{} \div 2 - 3\} \times 16 + 30$
$= \{\boxed{} - 3\} \times 16 + 30$
$= \boxed{} + 30 = \boxed{}$

08
$70 - 85 \div \{(13-6) \times 5 - 18\}$
$= 70 - 85 \div \{\boxed{} \times 5 - 18\}$
$= 70 - 85 \div \{\boxed{} - 18\}$
$= 70 - 85 \div \boxed{} = 70 - \boxed{} = \boxed{}$

09

$\{(10+4)\times15+30\}\div10-20$

_____

10

$\{(54-14)\div4-5\}\times20+50$

_____

11

$90-100\div\{(23-16)\times8-31\}$

_____

12

$30\times2-\{400\div(5\times4)+10\}$

_____

13

$10\times\{(33+7)\div5-3\}+19$

_____

7개의 수의 혼합 계산

【14~23】 계산을 하시오.

14

$500-\{10\times(3+2)-20\div5\}+3$

_____

15

$60+(8-4)\times\{16-(3+8)\}\div5$

_____

16

$\{7+(8-3)\}\div4\times(12-7)+15$

_____

17

$25+\{3\times(9-5)-30\div5\}+4$

_____

18

$27+(15-6)\times\{26-(2+4)\}\div2$

19

$67+\{(49-7)\div6+4\times11\}-45$

_____

20

$116\div4\times\{30-(8+4\times3)\}\div10$

_____

21

$100-75\div\{(13-6)\times5-10\}+4$

_____

22

$35+10\times\{(90-6)\div14+4\}\div5$

_____

23

$82-55+\{24\times(3+17)\div8\}-30$

_____

8개의 수의 혼합 계산

【24~27】 계산을 하시오.

24

$56-72\div9-\{4\times6\div3-(9-7)\times2\}$

_____

25

$(92-54)\div2\times\{40-(5+8)-7\}\div5$

_____

26

$(80-36)\div4\times\{66-(6+9)-9\}\div6$

_____

27

$(82-50)\div2\times\{50-(6+7)-5\}\div8$

[28~31] 계산을 하시오.

28

$78 - 32 \div 4 - \{5 \times 6 \div 2 - (5-3) \times 7\}$

29

$350 - 20 \div 5 - \{6 \times 2 \div 3 + (7-5) \times 8\}$

30

$90 - 80 \div 5 - \{30 \times 2 \div 4 - (5-3) \times 7\}$

31

$100 - 40 \div 4 - \{10 \times 3 \div 2 - (8-6) \times 5\}$

여러 가지 문제

32

세 번째로 계산해야 할 단계에서 나온 값을 쓰시오.

$100 - 30 \times \{(82-7) \div 5 - 10\} \div 15$

33

㉮, ㉯를 계산하고 그 차를 구하시오.

㉮ $90 - 75 \div \{(13-7) \times 6 - 11\}$

㉯ $80 - 75 \div \{(20-6) \div 7 + 3\} + 5$

㉰

34

□ 안에 알맞은 수를 쓰시오.

$\{(\boxed{} + 22) \div 5 - 15\} \times 7 + 12 = 82$

활용 문제

[35~38] 하나의 식으로 나타내고 답을 구하시오.

35

어머니께서는 10000원으로 과일을 사려고 합니다. 한 개에 500원 하는 사과 5개와 150원 하는 토마토 14개를 샀습니다. 얼마를 거슬러 받아야 합니까?

식 _____

㉐ _____

36

민혁이는 1통에 12개씩 들어 있는 공깃돌을 3통 사서 동생과 똑같이 나누어 가졌습니다. 그런데 가지고 놀다가 3개를 잃어버렸습니다. 민혁이에게 남은 공깃돌은 몇 개입니까?

식 _____

㉐ _____

37

무게가 똑같은 비누 8개를 상자에 넣어 달아 보니 650 g이었습니다. 여기에 비누 5개를 더 넣어 달아 보니 1025 g이었습니다. 상자의 무게는 몇 g입니까?

식 _____

㉐ _____

38

무게가 똑같은 물병 10개를 상자에 넣어 달아 보니 2950 g이었습니다. 여기에 물병 6개를 더 넣어 달아 보니 4 kg 450 g이었습니다. 상자의 무게를 구하시오.

식 _____

㉐ _____

중단원 **평가 문제(1)**

덧셈, 뺄셈과 곱셈의 혼합 계산~
혼합 계산

[1~6] 계산을 하시오.

01

$$80-63\div3+40=80-\boxed{}+40$$
$$=\boxed{}+40=\boxed{}$$

02

$$84\div7+120\div40$$

03

$$72\div9-56\div8$$

04

$$57-8\times7+10=57-\boxed{}+10$$
$$=\boxed{}+10=\boxed{}$$

05

$$70+12\times5-3=\underline{}$$

06

$$8+7\times5+27-10=\underline{}$$

07

과수원에서 배를 땄습니다. 한 상자에 16개씩 담으니 모두 20상자를 채우고, 배가 9개 남았습니다. 딴 배는 모두 몇 개입니까?

식 _____ 답 _____

08

연필 60다스가 있습니다. 하루에 40자루씩 15일 동안 팔면 몇 자루가 남겠습니까?

식 _____ 답 _____

09

600원짜리 오이 한 개와 5개에 3000원 하는 당근 한 개를 사면 돈은 얼마를 내야 합니까?

식 _____ 답 _____

10

감나무 2그루에서 수확한 감이 각각 236개, 348개입니다. 이 감을 모두 8명이 똑같이 나누어 가지면 한 사람이 받는 감은 몇 개입니까?

식 _____ 답 _____

[11~19] 계산을 하시오.

11

$$17\times5-72\div8=\boxed{}-\boxed{}=\boxed{}$$

12

$$26\times3-56\div8$$

13

$$45\div9+7\times5$$

14

$$70-14\times4+54\div6=70-\boxed{}+54\div6$$
$$=70-\boxed{}+\boxed{}$$
$$=\boxed{}+\boxed{}=\boxed{}$$

15

$$40-7\times5+24\div8=\underline{}$$

16

$$220-15\times8+63\div9=\underline{}$$

17

$60-17+72\div9-4\times8=$ _____

18

$15+5\times4-48\div12\times3=$ _____

19

$9\times8+28\div4-8\times7=$ _____

20

연필 한 자루의 값은 200원, 공책 5권의 값은 2000원입니다. 연필 5자루와 공책 한 권의 값은 얼마입니까?

식 _____   답 _____

[21~30] 계산을 하시오.

21

$20+(40-15)\times3=$ _____

22

$144\div(4\times4)\times6=144\div$ ☐ $\times6$
$=$ ☐ $\times6=$ ☐

23

$30+16\div(12-8)=$ _____

24

$96\div6\times(37-26)=$ _____

25

$40\times6-450\div(3\times5)=$ _____

26

$19+8\times3-66\div6=$ _____

27

$90-54\div(9-3)\times4=$ _____

28

$4\times(7-2)+55\div5=$ _____

29

$13\times(3+7)-21\div3\times6=$ _____

30

$27+(81\div9\times3-15)\times3=$ _____

31

영우네 반은 남학생이 20명, 여학생이 16명입니다. 4명씩 모둠을 만들면 모두 몇 모둠입니까?

식 _____   답 _____

32

알사탕 250개가 있습니다. 이것을 8개씩 8명에게 나누어 준 다음 나머지는 두 봉지로 똑같이 나누었습니다. 한 봉지에 담은 알사탕은 몇 개입니까?

식 _____   답 _____

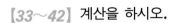

STEP 01

[33~42] 계산을 하시오.

33

$65 \div \{(4-3) \times 5\} + 9 =$ _____

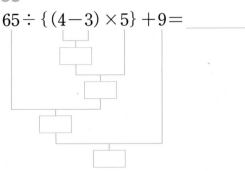

34

$70 - \{6 \times (4+7) \div 3\}$

$= 70 - \{6 \times \boxed{} \div 3\}$

$= 70 - \{\boxed{} \div 3\}$

$= 70 - \boxed{} = \boxed{}$

35

$\{150 - (8+7) \times 6\} \div 5 =$ _____

36

$\{84 \div (3 \times 7) + 36\} - 24 =$ _____

37

$\{12 \times (36 \div 9) - 35\} + 72 =$ _____

38

$200 - \{39 + 44 \div (3 + 2 \times 4)\}$

$= 200 - \{39 + 44 \div (3 + \boxed{})\}$

$= 200 - \{39 + 44 \div \boxed{}\}$

$= 200 - \{39 + \boxed{}\}$

$= 200 - \boxed{} = \boxed{}$

39

$37 + (25-6) \times \{19 - (3+7)\} =$ _____

40

$25 \times 3 - \{400 \div (5 \times 8) + 10\} =$ _____

41

$92 \div \{(7-3) \times 8 - 9\} + 12 =$ _____

42

$90 - 75 \div \{(13-7) \times 6 - 11\} =$ _____

[43~45] ○ 안에 >, =, <를 알맞게 쓰시오.

43

$25 + 7 \times 8 + 9 \quad \bigcirc \quad 55 - 24 \div 3$

44

$13 \times 2 + 72 \div 9 \quad \bigcirc \quad (70-14) \times 3 \div 4$

45

$78 - \{5 \times (8+6) \div 7\} \quad \bigcirc$

$\{60 - (5+7) \times 2\} \times 2$

중단원 **평가 문제**(2)

덧셈, 뺄셈과 곱셈의 혼합 계산~
혼합 계산

01

계산 순서가 옳은 것을 모두 찾으시오.

① $(3+4)\times 5$ ② $5+7\times 8$

③ $84\div 7-9$ ④ $4+28\div 7$

⑤ $56\div(63\div 9)$

02

계산 결과가 큰 것부터 쓰시오.

① $96\div(12-6)\times 4$

② $4\times 96\div 6-12$

③ $4\times 96\div(12-6)+1$

④ $12\times 6-96\div 4$

⑤ $96\div 12+6\times 4$

03

계산이 옳은 것을 모두 찾으시오.

① $27\div 9+16\times 2-25=10$

② $49\div 7+6\times 7+5=53$

③ $43-(7\times 4+2)\div 5=37$

④ $4\times(12+8)\div 8-5=6$

⑤ $\{(78-39)\div 3+7\}\times 5=100$

04

두 식의 계산 결과가 같은 것을 모두 찾으시오.

① $160-120\div 40$, $160-(120\div 40)$

② $90+50\times 3$, $(90+50)\times 3$

③ $200-15\times 7$, $200-(15\times 7)$

④ $190-47\times 3$, $(190-47)\times 3$

⑤ $20\times 5\div 4$, $(20\times 5)\div 4$

05

왼쪽부터 차례로 계산할 수 있는 식을 모두 찾으시오.

① $(7\times 8)\div 4-5$ ② $52\div 4+7\times 50$

③ $(14+35)\times 3\div 7$ ④ $(20-13)\times(10-4)$

⑤ $\{(7+3)\times 12\}-60\div 10$

06

( )가 없어도 계산 결과가 같은 것을 찾으시오.

① $(12+30)\div 7$ ② $44\div(24-20)$

③ $84-(12\times 6)$ ④ $(96-4)\div 12$

⑤ $7\times(9+6)\div 5$

07

가장 먼저 계산해야 할 계산에서 나온 값을 바르게 쓴 것을 모두 찾으시오.

① $53+\{13-(2+7)\}\times(8-3)$ [9]

② $200-\{9\times(7+8)\div 3\}$ [15]

③ $150-\{9\times(6+2)\}\div 4$ [54]

④ $75\times\{15+(4\times 5)-10\}$ [5]

⑤ $6+5\times(7+12\div 4)-3\times 8$ [3]

08

( )를 생략하면 계산 결과가 더 작아지는 식을 모두 찾으시오.

① $7\times(2+3)+10$ ② $(5+7)\times 3-2$

③ $(40+16)\div 4+15$ ④ $10\times(2+8)\div 2$

⑤ $(40\div 8+9)\times 3$

09

계산한 값이 100보다 큰 것을 모두 찾으시오.

① $20+30\times\{(70-4)\div3-20\}$

② $30+\{(20-4)\div2-3\}\times16$

③ $10+30\times\{(70-40)\div3-5\}$

④ $\{(16-2)\div7+3\}\times14+25$

⑤ $104-80\div\{(13-6)\times5-19\}$

10

옳은 것을 모두 찾으시오.

① $40-60\div4\div3 = 40-60\div(4\times3)$

② $7+13\times5-76\div4 > 6\times4+51\div3-7$

③ $95-(4\times2-3) < 5\times5+45$

④ $37+120\div40\times4 > 59-3\times4$

⑤ $35+(7-2)\times\{3+(9-4)\} > 7\times25$

11

다음 중 네 번째로 계산할 곳을 찾으시오.

$$87-36\div9-\{14\times(8\div4)-5\times2\}$$
$$\uparrow\quad\uparrow\quad\uparrow\qquad\uparrow\quad\uparrow\quad\uparrow\quad\uparrow$$
$$①\quad②\quad③\qquad④\quad⑤\quad⑥\quad⑦$$

12

다음 중 옳은 것을 모두 찾으시오.

① 덧셈과 뺄셈이 섞여 있는 식에서는 덧셈을 먼저 계산합니다.

② 곱셈과 나눗셈이 섞여 있는 식에서는 곱셈을 먼저 계산합니다.

③ ( )가 있는 식에서는 ( ) 안을 먼저 계산합니다.

④ 곱셈과 덧셈이 섞여 있는 식에서는 앞에서부터 차례대로 계산합니다.

⑤ ( )와 { }가 있는 식에서는 ( ) 안을 먼저 계산합니다.

13

배추 한 접은 100포기입니다. 배추 6접을 하루에 95포기씩 5일 동안 팔면 몇 포기 남습니까?

식 _____   답 _____

14

정철이는 3000원을 가지고 한 자루에 200원 하는 연필 6자루를 사고 다음 날 남은 돈으로 한 권에 400원 하는 공책 한 권을 샀습니다. 정철이에게 남은 돈은 얼마입니까?

식 _____   답 _____

15

인선이네 반 39명은 4명씩 9모둠으로 나누어 탁구를 하였고, 인지네 반 37명은 5명씩 7모둠으로 나누어 간이 농구를 하였습니다. 두 반에서 모둠을 만들지 못한 학생은 몇 명입니까?

식 _____   답 _____

16

미경이는 용돈으로 250원짜리 연필 5자루와 500원짜리 공책 4권을 사려고 하는데 900원이 부족하였습니다. 미경이의 용돈은 얼마입니까?

식 _____   답 _____

STEP 02

17

연필 한 자루의 값은 250원이고, 공책 한 권의 값은 연필 2자루의 값과 같습니다. 연필 4자루와 공책 8권을 사고 6000원을 냈다면, 얼마를 거슬러 받아야 합니까?

식 _____ 답 _____

18

위인전을 매일 같은 쪽 수씩 읽었습니다. 민기는 1주일 동안 574쪽, 인철이는 10일 동안 720쪽을 읽었습니다. 두 사람이 하루에 읽은 쪽 수의 합은 몇 쪽입니까?

식 _____ 답 _____

19

음료수 한 병은 600원, 빵 3개는 1350원, 과자 한 봉지는 900원입니다. 음료수 한 병의 값과 빵 두 개의 값을 합한 것은 과자 한 봉지의 값보다 얼마나 더 많습니까?

식 _____ 답 _____

20

100 cm짜리 끈을 5등분한 한 도막과 24 cm 끈을 3등분한 한 도막을 연결하였습니다. 겹친 부분의 길이가 3 cm일 때, 연결한 끈의 길이는 몇 cm입니까?

식 _____ 답 _____

21

연필 한 다스의 무게는 300 g, 지우개 10개의 무게는 240 g입니다. 연필 3자루와 지우개 4개의 무게를 합하면 얼마입니까?

식 _____ 답 _____

22

혜선이는 한 봉지에 25개씩 들어 있는 사탕을 4봉지 가지고 있습니다. 영진이는 사탕 576개를 6사람이 똑같이 나누어 나눈 한 부분을 가졌습니다. 현숙이는 사탕을 73개 가지고 있습니다. 영진이와 현숙이가 가진 사탕은 혜선이보다 몇 개 더 많습니까?

식 _____ 답 _____

23

연필 15다스가 있습니다. 학생 40명을 한 모둠에 5명씩 모둠을 만들어 한 모둠에 17자루씩 주었습니다. 몇 자루가 남았습니까?

식 _____ 답 _____

24

빨간 색종이는 한 사람이 10장씩, 파란 색종이는 한 사람이 7장씩 2묶음을 갖고, 노란 색종이는 114장을 6사람이 똑같이 나누어 가졌습니다. 한 사람이 가진 색종이는 모두 몇 장입니까?

식 _____ 답 _____

더 높은 수준의 실력을 원하는 학생은 이 책 123쪽에 있는 고난도 문제에 도전하세요.

5단원 마무리하기(1) ····· ➡ 5. 혼합 계산

[1~8] 계산을 하시오.

01

$14-54\div9+16\div2\times6$ _____

02

$2\times(5+8)-32\div8$ _____

03

$75-35\div5\times(6+4)$ _____

04

$40-\{12\times(3+4)\div14\}$ _____

05

$\{63-7\times(12\div4)\}\times5+52$ _____

06

$75-95\div\{(15-7)\times5-35\}$ _____

07

$160-\{8\times(4+5)\div3\}+8\times5$ _____

08

$35+20\times\{(90-6)\div14+4\}\div5$ _____

09

옳은 것을 찾으시오. _____

> $25+92-(45+10)$의 계산

① $25+92-45+10$의 계산과 같습니다.

② 괄호가 있으므로 $45+10$을 먼저 계산합니다.

③ 계산 순서에는 관계 없이 어떤 계산을 먼저 해도 됩니다.

④ 덧셈과 뺄셈이 섞여 있는 식이므로 괄호를 무시하고 왼쪽부터 계산합니다.

10

왼쪽부터 차례로 계산해야 하는 식을 찾으시오. _____

① $35-8\div4\times10$

② $9\times4\div6+15$

③ $5\times(7-4)+15$

④ $32-5\times3$

⑤ $7\times10+\{5\times(10-6)\}$

11

계산이 옳은 것을 모두 찾으시오. _____

① $36\div4+7\times5=44$

② $42\div(9-2)=6$

③ $60\div12\times5=25$

④ $36\div9+14\times3-5=40$

⑤ $\{(75-30)\div3+2\}\times10=160$

12

계산 결과가 가장 큰 것부터 쓰시오. _____

① $12\times6-64\div8+3$

② $40+20\div4-2\times11$

③ $13\times2\div(8\div4)\times4$

④ $3\times(10+7)-10\div2$

⑤ $400-\{27\times(12-6)+5\}\times2$

13

( )를 생략해도 계산 결과가 같은 식을 모두 찾으시오. _____

① $15+(3\times10)$

② $40-(25-10)$

③ $40\times(40\div8)$

④ $9\times(8+12)\div6$

⑤ $100-\{7\times(8+4)\}\div4$

14

가장 먼저 계산할 식을 바르게 쓴 것을 모두 찾으시오.

① $64÷32+2×(10-3)$ $[10-3]$

② $9+6×(9+20÷5)-4×5$ $[9+20]$

③ $95×\{35+(2×5)-20\}$ $[95×35]$

④ $54+\{17-(2+7)\}×(7-3)$ $[2+7]$

⑤ $10+24÷\{(26-14)÷6\}+10$ $[10+24]$

15

( )를 생략하면 계산 결과가 더 작아지는 식을 모두 찾으시오.

① $5×(7+3)+17$

② $(2+8)×5-3$

③ $(50+10)÷2+12$

④ $10×(4+6)÷2$

⑤ $(40÷10+8)÷2$

16

버스에 30명이 타고 출발하여 첫째 정류장에서 5명이 내리고 7명이 타고, 둘째 정류장에서 10명이 타고 9명이 내렸습니다. 지금 버스 안에 있는 사람은 모두 몇 명입니까?

식   답

17

연필 40다스를 30명에게 똑같이 나누어 준다면, 한 사람이 몇 자루씩 받게 됩니까?

식   답

18

한 사람이 한 시간에 장난감을 6개씩 만든다고 합니다. 7사람이 장난감을 210개 만들려면 몇 시간이 걸립니까?

식   답

19

450원짜리 공책 2권과 210원짜리 연필 3자루를 샀습니다. 돈은 얼마를 내야 합니까?

식   답

20

한 상자에 16송이씩 들어 있는 포도가 20상자 있습니다. 하루에 50송이씩 4일 동안 팔면 포도는 몇 송이가 남습니까?

식   답

21

90 cm짜리 테이프 5개를 다음 그림과 같이 4 cm가 겹쳐지도록 이었을 때, 이은 전체 길이는 몇 cm입니까?

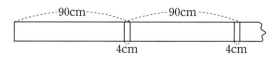

식   답

22

5000 kg까지 실을 수 있는 화물차가 있습니다. 이 화물차에 19 kg인 물건 100개, 15 kg인 물건 200개를 실었습니다. 얼마를 더 실을 수 있습니까?

(식)　　　　　　　(답)

23

한 권에 1200원 하는 공책과 3개에 930원 하는 자가 있습니다. 이 공책 두 권과 자 한 개의 값의 차를 구하시오.

(식)　　　　　　　(답)

24

동생은 밤을 한 시간에 30개, 형은 3시간에 87개, 아버지께서는 한 시간에 40개를 주웠습니다. 동생과 형이 한 시간에 주운 밤은 아버지께서 한 시간에 주운 밤보다 몇 개 더 많습니까?

(식)　　　　　　　(답)

25

배 한 개의 무게는 700g, 귤 2개의 무게는 900g입니다. 배 4개의 무게와 귤 7개의 무게는 모두 몇 g입니까?

(식)　　　　　　　(답)

26

어제는 카네이션 5송이씩 4묶음과 장미 50송이를 팔았습니다.
오늘은 국화 120송이를 10묶음으로 똑같이 나눈 것 중에서 2묶음을 팔았습니다. 어제 판 꽃은 오늘 판 꽃보다 몇 송이 더 많습니까?

(식)　　　　　　　(답)

27

42명을 한 모둠이 7명씩인 모둠으로 만들고, 연필 5다스를 각 모둠에 똑같이 나누어 주려고 합니다. 한 모둠에 연필을 몇 자루씩 줄 수 있겠습니까?

(식)　　　　　　　(답)

28

무게가 똑같은 설탕 4봉지를 저울에 재어 보니 960 g이었습니다. 여기에 무게가 똑같은 밀가루 3봉지를 더 올려놓고 무게를 재어 보니 1710 g이었습니다. 설탕 1봉지와 밀가루 1봉지는 모두 몇 g입니까?

29

사과 5상자를 12사람에게 똑같이 나누어 주었더니 남는 것 없이 한 사람이 20개씩 가졌습니다. 사과 1상자에는 사과가 몇 개씩 들어 있었습니까?

5단원 마무리하기(2) ······ ➡ 5. 혼합 계산

[1~4] 계산을 하시오.

01

$90-45+\{16\times(2+15)\div8\}-30$

02

$50-\{15-(5\times7-3)\div8\}\times4$

03

$60\div2\times\{30-(8+4\times3)\}\div10$

04

$80-40\div5-\{14-(13-9)\times3\}$

05

계산 결과가 큰 것부터 차례로 쓰시오.

① $(14+3)\times(20-10)\div5$

② $75+(14\div2\times3)-5$

③ $170-(42\div6+15)\times2$

④ $24\times3\div(24\div6)+2$

⑤ $\{270-(19\times6+4)\}\div4+12$

06

두 식을 하나의 식으로 나타내시오.

$$50+60\div5=62, \quad 62-45=17$$

07

( )를 사용하여 두 식을 한 개의 식으로 나타내시오.

$$224\div32+65=72, \quad 256\div8=32$$

[8~10] □ 안에 알맞은 수를 쓰시오.

08

$\{(40-5)\div\boxed{}+6\}\times9=99$

09

$(20-13)\times(15-\boxed{})=8\times(7+5)-54$

10

$\{(7+13)\times4+\boxed{}\}\div7-8=5$

[11~13] 등식이 성립하도록 ○ 안에 +, −, ×, ÷ 기호를 쓰시오.

11

$42\bigcirc(7\bigcirc4)\bigcirc4\bigcirc6=62$

12

$(37\bigcirc23)\bigcirc2\bigcirc17\bigcirc3=81$

13

$4\bigcirc(10\bigcirc5)\bigcirc76\bigcirc4=41$

[14~16] 등식이 성립하도록 괄호로 묶으시오.

14

3 × 10 + 6 − 8 ÷ 2 ＝44

15

40 ÷ 2 × 50 − 5 × 7 + 7 ＝440

16

30 + 60 ÷ 5 − 7 × 4 + 5 ＝9

17

40명을 5명씩 모둠으로 만들고, 한 모둠에 귤을 15개씩 주려고 귤을 200개 사 왔습니다. 모둠에 나누어 주고 남은 귤은 몇 개입니까?

(식)   (답)

18

인수네 밭에는 감나무가 25그루, 밤나무가 15그루 있고, 사과나무는 감나무와 밤나무의 수를 합한 것의 2배보다 8그루 더 많습니다. 인수네 밭의 사과나무는 몇 그루입니까?

(식)   (답)

19

한 변의 길이가 12 cm인 정삼각형과 한 변의 길이가 15 cm인 정사각형을 한 개씩 만들 수 있는 철사가 있습니다. 이 철사를 모두 사용해서 정사각형 1개를 만들면 정사각형의 한 변의 길이는 몇 cm입니까?

(식)   (답)

20

사과 3개의 무게는 750 g, 귤 5개의 무게는 600 g입니다. 사과 2개와 귤 3개의 무게의 합을 구하시오.

(식)   (답)

21

한 다스에 4200원 하는 연필 5자루와 250원짜리 지우개 3개, 300원짜리 자 2개를 사고 4000원을 내었습니다. 거스름돈은 얼마입니까?

(식)   (답)

22

6000원을 내고 한 자루에 300원인 연필 한 다스와 공책 5권을 샀더니 850원을 거슬러 주었습니다. 공책 한 권의 값은 얼마입니까?

23

한 개에 1500원 하는 배 4개와 사과 6개를 사고 15000원을 내었더니 1800원을 거슬러 주었습니다. 사과 1개의 값은 얼마입니까?

24

어떤 수에 15를 더하고 5를 곱해야 하는데, 잘못하여 어떤 수에서 15를 빼고 5로 나누었더니 9가 되었습니다. 바르게 계산했을 때의 값은 얼마입니까?

6 단원을 시작하면서

- 이 단원에서는 분수의 종류, 대분수를 가분수로, 가분수를 대분수로 고치기, 분수의 크기 비교를 각각 알아봅니다.
- 분수의 분모와 분자를 이해하고 분수의 세 가지(진분수, 가분수, 대분수)를 약속합니다.
- 진분수를 약속하고 진분수와 대응하여 가분수를 약속합니다.
- 자연수와 진분수의 합으로 대분수를 약속합니다.
- 대분수를 가분수로 고치고 가분수를 대분수로 고칩니다.
- 분모가 같은 진분수와 대분수의 크기를 비교합니다.

6 단원 학습 목표

① 분수의 분모와 분자를 이해하고 진분수를 이해할 수 있다.
② 가분수와 대분수를 이해할 수 있다.
③ 대분수를 가분수로, 가분수를 대분수로 고칠 수 있다.
④ 분모가 같은 분수의 크기를 비교할 수 있다.

분수

분수와 진분수

개념 1 분모와 분자의 뜻

○ 분수에서
❶ 가로 선의 아래쪽에 있는 수를 **분모**라고 합니다.
❷ 가로 선의 위쪽에 있는 수를 **분자**라고 합니다.

가로 선 → $\dfrac{2}{3}$ ← 분자
← 분모

01

분수 $\dfrac{3}{5}$에서 5와 같이 가로 선 아래쪽에 있는 수를 _____ 라 하고, 3과 같이 가로 선 위쪽에 있는 수를 _____ 라 합니다.

02

빈칸에 알맞은 말을 쓰시오.

$\dfrac{1}{4}$ ← ( )
← ( )

03

분모가 8이고 분자가 5인 분수는 $\dfrac{\square}{\square}$ 입니다.

04

$\dfrac{2}{5}$에서 분자는 ( ), 분모는 ( )입니다.

05

분수 $\dfrac{1}{2}$, $\dfrac{2}{3}$, $\dfrac{3}{4}$, $\dfrac{5}{9}$에서 분모와 분자를 각각 쓰시오.

분모 ⇒ _____   분자 ⇒ _____

【6~7】 색칠한 부분을 분수로 나타내고, 분자와 분모를 각각 쓰시오.

06

_____

07

_____

분수만큼 그림에 색칠하기

【8~11】 분수만큼 그림을 색칠하시오.

08

$\dfrac{1}{6}$

09

$\dfrac{3}{8}$

10

$\dfrac{1}{4}$

11

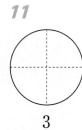

$\dfrac{3}{4}$

【12~17】 색을 칠하고 분수로 나타내시오.

12

$\dfrac{1}{4}$이 2 ⇒ $\dfrac{\Box}{\Box}$

13

$\dfrac{1}{4}$이 3 ⇒ $\dfrac{\Box}{\Box}$

14

$\dfrac{1}{4}$이 4 ⇒ $\dfrac{\Box}{\Box}$

15

$\dfrac{1}{6}$이 2 ⇒ $\dfrac{\Box}{\Box}$

16

$\dfrac{1}{6}$이 3 ⇒ $\dfrac{\Box}{\Box}$

17

$\dfrac{1}{6}$이 5 ⇒ $\dfrac{\Box}{\Box}$

개념 **2** 진분수의 뜻

○ 분자가 분모보다 작은 분수를 **진분수**라고 합니다.
예 $\dfrac{1}{3}$, $\dfrac{2}{5}$, $\dfrac{7}{8}$

18

$\dfrac{1}{4}$, $\dfrac{2}{4}$, $\dfrac{3}{4}$과 같이 분자가 분모보다 작은
분수를 _____ 라고 합니다.

19

$\dfrac{1}{2}$, $\dfrac{2}{3}$, $\dfrac{3}{5}$은 분자가 분모보다 작은 분수
이므로 _____ 입니다.

진분수 찾기

20
진분수를 모두 찾아 ○표 하시오.
$$\dfrac{1}{2}, \dfrac{3}{4}, \dfrac{7}{6}, \dfrac{3}{3}, \dfrac{1}{5}, \dfrac{3}{6}, \dfrac{2}{3}$$

21
진분수에 ○표 하시오.
$$\dfrac{2}{7}, 2\dfrac{2}{3}, \dfrac{5}{5}, \dfrac{13}{72}, 8\dfrac{5}{9}, \dfrac{23}{19}$$

22
진분수를 모두 찾아 ○표 하시오.
$$\dfrac{2}{6}, \dfrac{8}{7}, 4\dfrac{4}{7}, \dfrac{7}{3}, 3\dfrac{8}{9}, \dfrac{8}{10}, \dfrac{5}{5}, \dfrac{5}{8}$$

23

다음 중에서 진분수가 아닌 것은 어느 것입니까?

① $\dfrac{2}{3}$　　② $\dfrac{4}{5}$　　③ $\dfrac{9}{9}$

④ $\dfrac{7}{10}$　　⑤ $\dfrac{13}{15}$

진분수 만들기

24

분모가 5인 진분수를 모두 쓰시오.

_____

25

분모가 6인 진분수를 모두 쓰시오.

_____

26

분모가 8인 진분수를 모두 쓰시오.

_____

27

분모가 10인 진분수를 모두 쓰시오.

_____

28

분모가 9인 진분수 중에서 분자가 5보다 큰 진분수를 모두 쓰시오.

_____

29

분모가 15인 진분수 중에서 분자가 8보다 작은 진분수를 모두 쓰시오.

_____

30

분자가 5인 진분수를 분모가 작은 것부터 차례로 6개 써 보시오.

_____

여러 가지 문제

31

$\dfrac{(\ \ )}{8}$ 는 진분수입니다. ( ) 안에 들어갈 수 있는 수 중에서 가장 큰 수를 구하시오.

32

나는 어떤 수입니까?

· 나는 진분수입니다.
· 분모와 분자를 합하면 15입니다.
· 분모와 분자의 차는 1입니다.

33

분모와 분자의 합이 16이고, 분모와 분자의 차가 2인 분수를 구하시오.

34

분자는 5보다 크고 7보다 작은 자연수이고, 분모는 분자의 4배보다 5가 작은 진분수를 구하시오.

가분수

○ 분자가 분모와 같거나 분모보다 큰 분수를 가분수라 합니다.

예 $\dfrac{3}{2}$, $\dfrac{4}{4}$, $\dfrac{13}{10}$, $\dfrac{12}{12}$, $\dfrac{21}{20}$

01

$\dfrac{3}{3}$, $\dfrac{7}{7}$ 은 분자가 분모와 같은 분수이므로

⬚ 입니다.

02

$\dfrac{5}{4}$, $\dfrac{8}{5}$ 은 분자가 분모보다 큰 분수이므로

⬚ 입니다.

가분수로 나타내기

【3~6】 색칠한 부분을 가분수로 나타내시오.

03

04

05

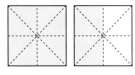

06

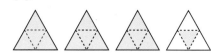

가분수 찾기

07

가분수에 ◯표를 하시오.

$$\dfrac{8}{5}, \ 5\dfrac{2}{6}, \ \dfrac{3}{4}, \ \dfrac{8}{8}, \ \dfrac{7}{11}$$

08

가분수를 모두 찾아 ◯표 하시오.

$$\dfrac{9}{8}, \ \dfrac{3}{8}, \ \dfrac{7}{7}, \ \dfrac{13}{3}, \ 9\dfrac{3}{11}$$

09

진분수와 가분수를 찾으시오.

$$\dfrac{1}{2}, \ \dfrac{2}{3}, \ \dfrac{5}{3}, \ \dfrac{3}{5}, \ \dfrac{9}{6}, \ \dfrac{5}{7}, \ \dfrac{15}{8}, \ \dfrac{8}{9}, \ \dfrac{12}{10}$$

(1) 진분수 ⇒ _____

(2) 가분수 ⇒ _____

10

진분수는 '진', 가분수는 '가'라고 _____ 안에 쓰시오.

(1) $\dfrac{1}{2}$ _____   (2) $\dfrac{3}{3}$ _____

(3) $\dfrac{7}{5}$ _____   (4) $\dfrac{3}{4}$ _____

(5) $\dfrac{5}{5}$ _____   (6) $\dfrac{11}{6}$ _____

분자가 주어진 가분수 구하기

11

분자가 5인 가분수를 모두 쓰시오.

12

분자가 7인 가분수를 모두 쓰시오.

13

분자가 8인 가분수 중 2보다 작은 분수를 모두 쓰시오.

분모가 주어진 가분수 구하기

14

분모가 7인 가분수를 분자가 작은 것부터 차례로 5개 써 보시오.

15

분모가 9인 가분수를 분자가 작은 것부터 차례로 5개 쓰시오.

16

분모가 10인 분수 중에서 분자가 15보다 작은 가분수를 모두 쓰시오.

(분자)÷(분모)의 결과로 가분수 구하기

17

어떤 가분수의 분자를 분모 7로 나누었더니 몫이 4이고, 나머지가 3이었습니다. 이 가분수를 구하시오.

18

어떤 가분수의 분자를 분모 11로 나누었더니 몫이 8이고, 나머지가 6이었습니다. 이 가분수를 구하시오.

19

어떤 가분수의 분자 43을 분모로 나누었더니 몫이 5이고, 나머지가 3이었습니다. 이 가분수를 구하시오.

숫자 카드로 가분수 만들기

20

숫자 카드 7, 2, 5를 한 번씩만 사용하여 만들 수 있는 가분수 중 가장 큰 수와 가장 작은 수를 구하시오.

21

5장의 숫자 카드 중에서 2장을 골라 가분수를 만들 때, 2보다 큰 가분수를 모두 구하시오.

5 3 7 6 9

대분수

개념 **1**	대분수의 뜻

○ 자연수와 진분수로 이루어진 분수를 **대분수**라 합니다.

예 $1\frac{2}{3}$, $2\frac{5}{6}$, $5\frac{1}{7}$, $7\frac{1}{2}$, $6\frac{3}{10}$

01

$3\frac{2}{5}$, $4\frac{7}{9}$은 자연수와 진분수로 이루어진 분수이므로 ☐ 입니다.

02

2와 $\frac{1}{4}$을 _____ 이라 쓰고

_____ 이라고 읽습니다. $2\frac{1}{4}$과 같은 분수를

_____ 라고 합니다.

03

빈칸에 알맞은 것을 쓰시오.

	쓰기	읽기
(1) 4와 $\frac{3}{5}$		
(2) 5와 $\frac{2}{7}$		
(3) 8과 $\frac{5}{9}$		
(4) 10과 $\frac{1}{6}$		

대분수 찾기

04

대분수를 모두 찾아 ○표 하시오.

$2\frac{3}{4}$, $\frac{3}{2}$, $\frac{9}{10}$, $1\frac{1}{3}$, $\frac{5}{7}$, $\frac{3}{3}$, $\frac{3}{8}$

05

가분수에 ○표, 대분수에 △표 하시오.

$\frac{8}{3}$, $\frac{11}{5}$, $1\frac{1}{2}$, $\frac{8}{7}$, $2\frac{3}{4}$, $\frac{4}{9}$, $\frac{10}{10}$

06

진분수에 ○표, 가분수에는 △표, 대분수에는 ☆표를 하시오.

$\frac{2}{3}$, $1\frac{2}{6}$, $\frac{4}{4}$, $\frac{9}{5}$, $\frac{12}{11}$, $\frac{6}{7}$, $6\frac{2}{7}$

대분수로 나타내기

07

정사각형 모양의 떡 2덩이와 $\frac{1}{4}$조각이 남았습니다. 남은 떡을 대분수로 나타내시오.

_____

08

색종이 3장과 같은 색종이 $\frac{5}{6}$조각을 대분수로 나타내시오. _____

09

사과 5개와 $\frac{1}{4}$조각 3개를 대분수로 나타내시오.

【10~11】다음 분수만큼 색칠하시오.

10

$3\frac{3}{4}$ ⇒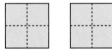

11

$2\frac{3}{5}$ ⇒

【12~15】색칠한 부분을 대분수와 가분수로 나타내시오.

12

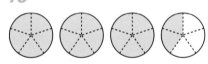

대분수 ⇒ _____   가분수 ⇒ _____

13

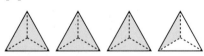

대분수 ⇒ _____   가분수 ⇒ _____

14

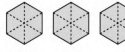

대분수 ⇒ _____   가분수 ⇒ _____

15

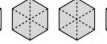

대분수 ⇒ _____   가분수 ⇒ _____

16

수직선을 보고 ☐ 안에 알맞은 대분수를 써넣으시오.

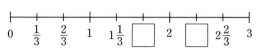

17

수직선을 보고, ㉮는 가분수로, ㉯는 대분수로 나타내시오.

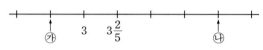

18

4에 가장 가까운 수에 ◯표 하시오.

$3\frac{2}{8}$, $3\frac{3}{8}$, $4\frac{1}{8}$, $4\frac{4}{8}$, $4\frac{2}{8}$

19

숫자 카드 4, 7, 8을 한 번씩만 사용하여 가장 큰 대분수를 만드시오.

20

숫자 카드 2, 7, 9를 한 번씩만 사용하여 만들 수 있는 대분수 중 가장 큰 수와 가장 작은 수를 구하시오.

21

숫자 카드 4, 5, 6을 한 번씩 모두 사용하여 가장 큰 대분수와 가장 큰 가분수를 각각 만드시오.

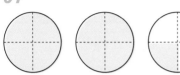

대분수 ⟷(고치기) 가분수

【1~3】 색칠한 부분을 대분수와 가분수로 나타내시오.

01

대분수 ⇒ _____   가분수 ⇒ _____

02

대분수 ⇒ _____   가분수 ⇒ _____

03

대분수 ⇒ _____   가분수 ⇒ _____

개념 **1** 대분수를 가분수로 고치는 방법

❶ 분모는 같습니다.
❷ 분자는 대분수의 자연수와 분모의 곱에 대분수의 분자를 더합니다.

$$1\frac{3}{5}=\frac{1\times5+3}{5}=\frac{8}{5}$$

【4~11.】 대분수를 가분수로 고치려고 합니다. 빈 칸에 알맞은 수를 쓰시오.

04

$$1\frac{1}{2}=\frac{1\times\boxed{}+\boxed{}}{2}=\frac{\boxed{}}{\boxed{}}$$

05

$$5\frac{2}{7}=\frac{5\times\boxed{}+\boxed{}}{7}=\frac{\boxed{}}{\boxed{}}$$

06

$$2\frac{5}{6}=\frac{2\times\boxed{}+\boxed{}}{6}=\frac{\boxed{}}{\boxed{}}$$

07

$$3\frac{1}{4}=\frac{3\times\boxed{}+\boxed{}}{4}=\frac{\boxed{}}{\boxed{}}$$

08

$$6\frac{7}{8}=\frac{\boxed{}\times\boxed{}+\boxed{}}{8}=\frac{\boxed{}}{\boxed{}}$$

09

$$5\frac{2}{9}=\frac{\boxed{}\times\boxed{}+\boxed{}}{9}=\frac{\boxed{}}{\boxed{}}$$

10

$$3\frac{4}{5}=\frac{\boxed{}}{\boxed{}}$$

11

$$1\frac{5}{9}=\frac{\boxed{}}{\boxed{}}$$

【12~19】 대분수를 가분수로 나타내시오.

12

$1\dfrac{3}{4} =$ _____

13

$2\dfrac{1}{3} =$ _____

14

$3\dfrac{3}{7} =$ _____

15

$2\dfrac{2}{5} =$ _____

16

$3\dfrac{1}{3} =$ _____

17

$2\dfrac{5}{7} =$ _____

18

$4\dfrac{1}{9} =$ _____

19

$7\dfrac{3}{7} =$ _____

【20~22】 색칠한 부분을 가분수와 대분수로 나타내시오.

20

가분수 ⇒ _____   대분수 ⇒ _____

21

가분수 ⇒ _____   대분수 ⇒ _____

22

가분수 ⇒ _____   대분수 ⇒ _____

개념 **2** 가분수를 대분수로 고치는 방법

① 분모는 같습니다.
② 자연수는 가분수의 분자를 분모로 나눈 몫입니다.
③ 분자는 가분수의 분자를 분모로 나눈 나머지입니다.

$$\dfrac{17}{3}=5\dfrac{2}{3} \quad (17 \div 3 = 5 \cdots 2)$$

【23~27】 가분수를 대분수로 고치려고 합니다. 빈칸에 알맞은 수를 쓰시오.

23

$\dfrac{9}{4}$ ➡ $9 \div 4 = \square \cdots \square$ ➡ $\square\dfrac{\square}{4}$

24

$\dfrac{16}{5}$ ➡ $16 \div \square = 3 \cdots \square$ ➡ $\square\dfrac{\square}{\square}$

25

$\dfrac{23}{5}$ ➡ $23 \div \square = 4 \cdots \square$ ➡ $\square\dfrac{\square}{\square}$

26

$\dfrac{27}{6}$ ➡ $\square \div \square = \square \cdots \square$ ➡ $\square\dfrac{\square}{\square}$

27

$$\frac{53}{6} \Rightarrow \boxed{} \div \boxed{} = \boxed{} \cdots \boxed{} \Rightarrow \boxed{}\frac{\boxed{}}{\boxed{}}$$

【28~39】 가분수를 대분수로 나타내시오.

28
$$\frac{10}{3} = \boxed{}\frac{\boxed{}}{\boxed{}}$$

29
$$\frac{11}{4} = \boxed{}\frac{\boxed{}}{\boxed{}}$$

30
$$\frac{13}{4} = \boxed{}\frac{\boxed{}}{\boxed{}}$$

31
$$\frac{14}{5} = \boxed{}\frac{\boxed{}}{\boxed{}}$$

32
$$\frac{17}{6} = $$

33
$$\frac{32}{6} = $$

34
$$\frac{25}{9} = $$

35
$$\frac{29}{5} = $$

36
$$\frac{36}{8} = $$

37
$$\frac{45}{8} = $$

38
$$\frac{80}{9} = $$

39
$$\frac{47}{10} = $$

대분수 ⇄ 가분수

【40~43】 대분수는 가분수로, 가분수는 대분수로 고치시오.

40
$$5\frac{1}{9} = $$

41
$$\frac{25}{10} = $$

42
$$\frac{47}{12} = $$

43
$$8\frac{7}{15} = $$

44

수직선을 보고 ㉠에 알맞은 수를 가분수와 대분수로 나타내시오.

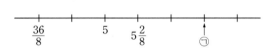

가분수 _____ , 대분수 _____

45

옳은 것을 모두 찾으시오. _____

① $\frac{10}{3} = 3\frac{2}{3}$ ② $\frac{15}{4} = 3\frac{3}{4}$

③ $8\frac{2}{3} = \frac{26}{3}$ ④ $2\frac{5}{7} = \frac{20}{7}$

⑤ $\frac{25}{6} = 4\frac{1}{6}$

46

어떤 가분수의 분자를 분모 7로 나누면 몫이 3이고, 나머지가 5입니다. 이 가분수를 대분수로 나타내시오.

분모가 같은 분수의 크기 비교(1)

개념 1 분모가 같은 가분수의 크기 비교

➡ 분자가 큰 쪽의 분수가 큽니다.

예 $\frac{5}{9} > \frac{3}{9}$, $\frac{6}{7} > \frac{5}{7}$

【1~6】 분수의 크기를 비교하여 ◯ 안에 >, <를 알맞게 써넣으시오.

01
$\frac{6}{5}$ ◯ $\frac{8}{5}$

02
$\frac{8}{3}$ ◯ $\frac{5}{3}$

03
$\frac{8}{4}$ ◯ $\frac{6}{4}$

04
$\frac{8}{6}$ ◯ $\frac{9}{6}$

05
$\frac{3}{3}$ ◯ $\frac{4}{3}$

06
$\frac{9}{4}$ ◯ $\frac{8}{4}$

개념 2 분모가 같은 대분수의 크기 비교(1)

➡ 대분수에서 자연수가 다르면 자연수가 큰 쪽의 분수가 큽니다.

예 $2\frac{1}{3} > 1\frac{2}{3}$, $4\frac{1}{5} > 3\frac{4}{5}$

【7~12】 분수의 크기를 비교하여 ◯ 안에 >, <를 알맞게 써넣으시오.

07
$2\frac{2}{5}$ ◯ $1\frac{4}{5}$

08
$1\frac{3}{4}$ ◯ $2\frac{1}{4}$

09
$2\frac{2}{5}$ ◯ $3\frac{4}{5}$

10
$7\frac{3}{4}$ ◯ $8\frac{1}{4}$

11
$2\frac{2}{3}$ ◯ $3\frac{1}{3}$

12
$6\frac{1}{5}$ ◯ $4\frac{4}{5}$

개념 3 분모가 같은 대분수의 크기 비교(2)

➡ 대분수에서 자연수가 같으면 분자가 큰 쪽의 분수가 큽니다.

예 $4\frac{3}{8} < 4\frac{7}{8}$, $5\frac{3}{9} > 5\frac{2}{9}$

【13~18】 분수의 크기를 비교하여 ◯ 안에 >, <를 알맞게 써넣으시오.

13
$2\frac{7}{9}$ ◯ $2\frac{5}{9}$

14
$2\frac{5}{6}$ ◯ $2\frac{1}{6}$

15
$4\frac{3}{6}$ ◯ $4\frac{2}{6}$

16
$2\frac{1}{5}$ ◯ $2\frac{4}{5}$

17

$4\frac{6}{8}$ ○ $4\frac{7}{8}$

18

$6\frac{5}{8}$ ○ $6\frac{7}{8}$

19

길이가 $3\frac{5}{8}$ m인 빨간 줄과 $3\frac{7}{8}$ m인 파란 줄이 있습니다. 어느 줄이 더 깁니까?

가분수와 대분수의 크기 비교

[20~23] 분수의 크기를 비교하여 ○ 안에 >, <를 알맞게 써넣으시오.

20

$\frac{11}{9}$ ○ $1\frac{1}{9}$

21

$2\frac{3}{7}$ ○ $\frac{30}{7}$

22

$4\frac{3}{7}$ ○ $\frac{32}{7}$

23

$\frac{55}{15}$ ○ $3\frac{14}{15}$

24

혜수의 몸무게는 $\frac{191}{6}$ kg, 유라의 몸무게는 $32\frac{1}{6}$ kg입니다. 두 사람 중 누가 더 무겁습니까?

25

옳은 것을 모두 찾으시오.

① $3\frac{3}{4} < \frac{21}{4}$

② $5\frac{1}{6} < \frac{32}{6}$

③ $3\frac{3}{8} > \frac{34}{8}$

④ $\frac{14}{9} > 1\frac{6}{9}$

⑤ $\frac{47}{15} < 5\frac{1}{15}$

큰 수부터 차례로 쓰기

[26~28] 큰 수부터 차례로 쓰시오.

26

$\frac{9}{4}$, $\frac{7}{4}$, $\frac{11}{4}$

27

$2\frac{1}{6}$, $1\frac{5}{6}$, $2\frac{4}{6}$

28

$2\frac{5}{6}$, $2\frac{4}{6}$, $4\frac{2}{6}$, $3\frac{3}{6}$

29

큰 수부터 번호를 쓰시오.

① $\frac{8}{5}$ ② $2\frac{2}{5}$ ③ $1\frac{4}{5}$ ④ 2

30

큰 수부터 번호를 쓰시오.

① $10\frac{1}{6}$ ② $10\frac{5}{6}$ ③ 11 ④ $\frac{63}{6}$

31

큰 수부터 차례로 쓰시오.

$\frac{38}{9}$, $4\frac{1}{9}$, $\frac{29}{9}$, $3\frac{8}{9}$, $\frac{44}{9}$, $2\frac{7}{9}$

분모가 같은 분수의 크기 비교(2)

주어진 수보다 작은 분수, 큰 분수

01

5보다 작은 수에 ○표 하시오.

$$\frac{39}{8}, \; 4\frac{8}{9}, \; 5\frac{2}{8}, \; \frac{40}{8}, \; \frac{36}{7}, \; \frac{50}{10}$$

02

9보다 큰 수에 ○표 하시오.

$$\frac{26}{3}, \; 9\frac{1}{4}, \; 8\frac{7}{9}, \; \frac{29}{3}, \; \frac{36}{4}, \; \frac{55}{6}$$

주어진 수 사이에 있는 분수

03

1과 2 사이에 있는 분수를 모두 찾아 ○표 하시오.

$$\frac{3}{5}, \; \frac{6}{5}, \; \frac{8}{5}, \; \frac{10}{5}, \; \frac{13}{5}$$

04

3보다 크고 4보다 작은 수에 ○표 하시오.

$$\frac{25}{12}, \; \frac{9}{4}, \; \frac{5}{3}, \; \frac{30}{9}, \; \frac{17}{5}, \; \frac{25}{6}$$

05

수직선의 색칠한 부분에 들어가는 분수에 ○표 하시오.

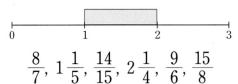

$$\frac{8}{7}, \; 1\frac{1}{5}, \; \frac{14}{15}, \; 2\frac{1}{4}, \; \frac{9}{6}, \; \frac{15}{8}$$

06

수직선의 색칠한 부분에 들어가지 <u>않는</u> 분수는 어느 것입니까 ?

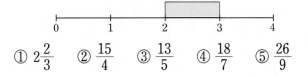

① $2\frac{2}{3}$ ② $\frac{15}{4}$ ③ $\frac{13}{5}$ ④ $\frac{18}{7}$ ⑤ $\frac{26}{9}$

분모가 주어진 가분수 구하기

07

분모가 5이고 2보다 작은 가분수를 모두 쓰시오.

08

분모가 7인 분수 중에서 $\frac{12}{7}$ 보다 작은 가분수는 몇 개입니까 ?

09

3보다 크고 4보다 작은 가분수 중에서 분모가 7인 수를 모두 쓰시오.

10

분모가 9인 분수 중에서 5보다 크고 6보다 작은 가분수는 몇 개입니까 ?

11

분모가 9인 분수 중에서 $2\frac{6}{9}$ 보다 크고 $3\frac{3}{9}$ 보다 작은 가분수를 모두 쓰시오.

12

3보다 크고 4보다 작은 분수 중에서 분모가 15인 가분수는 모두 몇 개입니까 ?

분모가 주어진 대분수 구하기

13

2보다 크고 3보다 작은 대분수 중 분모가 5인 수를 모두 쓰시오.

_____

14

분모가 7인 분수 중에서 4보다 크고 $4\frac{5}{7}$ 보다 작은 대분수를 모두 쓰시오.

_____

15

분모가 8인 분수 중 $4\frac{4}{8}$ 보다 크고 5보다 작은 대분수를 모두 쓰시오.

_____

16

분모가 9인 분수 중 $\frac{32}{9}$ 보다 크고 4보다 작은 대분수를 모두 쓰시오.

_____

17

분모가 6인 분수 중에서 3보다 작은 대분수는 모두 몇 개입니까?

_____

18

분모가 10인 분수 중에서 4보다 작은 대분수는 모두 몇 개입니까?

_____

□ 안에 알맞은 수 쓰기

【19~20】 빈칸에 들어갈 수 있는 수 중 가장 큰 수를 구하시오.

19

$\square\frac{7}{11} < \frac{72}{11}$

_____

20

$\square\frac{4}{12} < \frac{113}{12}$

_____

21

□에 들어갈 수 있는 수 중 가장 작은 수를 구하시오.

$\frac{124}{13} < \square\frac{7}{13}$

【22~24】 빈칸에 들어갈 수 있는 자연수를 모두 구하시오.

22

$5\frac{3}{10} < \square\frac{4}{10} < 10\frac{6}{10}$

23

$6\frac{8}{15} < \frac{\square}{15} < 6\frac{13}{15}$

24

$4\frac{10}{12} < \frac{\square}{12} < 5\frac{3}{12}$

6단원 마무리하기(1) . . . . . ➡ 6. 분수

01

자연수 ㉮, ㉯가 다음 조건을 만족할 때, $\dfrac{㉮}{㉯}$가 진분수가 되는 경우는 모두 몇 가지입니까?

$$1 < ㉮ < 6, \ \ 2 < ㉯ < 6$$

02

다음 숫자 카드 중 2장을 사용하여 만들 수 있는 진분수를 모두 쓰시오.

$$\boxed{1} \quad \boxed{3} \quad \boxed{4} \quad \boxed{5} \quad \boxed{7}$$

03

숫자 카드 중 2장을 사용하여 진분수를 만들려고 합니다. 만들 수 있는 진분수는 모두 몇 개입니까?

$$\boxed{0} \quad \boxed{2} \quad \boxed{6} \quad \boxed{8} \quad \boxed{9}$$

04

2에서 9까지의 숫자 카드가 2장씩 있습니다. 숫자 카드 2장을 사용하여 만들 수 있는 분모가 5인 진분수는 모두 몇 개입니까?

$$\boxed{2} \ \boxed{2} \ \boxed{3} \ \boxed{3} \ \boxed{4} \ \boxed{4} \ \boxed{5} \ \boxed{5}$$
$$\boxed{6} \ \boxed{6} \ \boxed{7} \ \boxed{7} \ \boxed{8} \ \boxed{8} \ \boxed{9} \ \boxed{9}$$

05

광호는 분수 카드를 가지고 있습니다. 그런데 분모에 물감이 묻어 숫자가 잘 보이지 않습니다. 광호가 가지고 있는 분수의 분자는 6이고 가분수라고 할 때, 분모가 될 수 있는 숫자를 모두 쓰시오.

06

숫자 카드 $\boxed{2}$, $\boxed{3}$, $\boxed{5}$를 한 번씩 사용하여 가장 작은 대분수와 가장 큰 대분수를 차례로 쓰시오.

07

5에 가장 가까운 분수에 ◯표 하시오.

$$4\frac{2}{6}, \ 5\frac{1}{6}, \ 4\frac{4}{6}, \ 5\frac{2}{6}, \ 5\frac{5}{6}$$

08

다음 분수 중 4에 가장 가까운 분수는 어느 것입니까?

① $\dfrac{31}{9}$ ② $\dfrac{28}{9}$ ③ $\dfrac{47}{9}$

④ $\dfrac{32}{9}$ ⑤ $\dfrac{37}{9}$

09

분모가 9인 가분수의 분자를 10으로 나누었더니 몫이 4이고 나머지가 3입니다. 이 가분수를 대분수로 나타내시오.

10

잘못된 것을 찾아 ▨의 오른쪽 부분을 바르게 고치시오.

① $\dfrac{20}{7}=2\dfrac{6}{7}$ ② $4\dfrac{5}{6}=\dfrac{27}{6}$

③ $\dfrac{25}{4}=6\dfrac{3}{4}$ ④ $\dfrac{31}{9}=3\dfrac{4}{9}$

11

큰 수부터 차례로 쓰시오.

$1\dfrac{6}{9}$, $\dfrac{23}{9}$, 3, $\dfrac{19}{9}$, $3\dfrac{5}{9}$, 4, $\dfrac{16}{9}$

12

분모가 10인 분수 중에서 7보다 크고 8보다 작은 대분수는 몇 개입니까?

13

$4\dfrac{2}{9}$보다 크고 $5\dfrac{3}{9}$보다 작은 수에 ○표 하시오.

$4\dfrac{5}{9}$, $\dfrac{43}{9}$, $4\dfrac{8}{9}$, $\dfrac{47}{9}$, $5\dfrac{4}{9}$, $\dfrac{45}{9}$

14

$\dfrac{19}{5}$보다 크고 $\dfrac{55}{6}$보다 작은 자연수를 모두 쓰시오.

15

옳은 것의 번호를 모두 쓰시오.

① $\dfrac{15}{7}<2\dfrac{3}{7}$ ② $3\dfrac{5}{18}<\dfrac{55}{18}$

③ $3\dfrac{2}{5}<\dfrac{16}{5}$ ④ $\dfrac{17}{7}<2\dfrac{5}{7}$

⑤ $2\dfrac{1}{3}>\dfrac{8}{3}$

16

수직선의 색칠한 부분에 들어 가는 수는 어느 것입니까?

① $\dfrac{6}{7}$ ② $\dfrac{11}{5}$ ③ $\dfrac{7}{3}$

④ $\dfrac{10}{9}$ ⑤ $\dfrac{21}{10}$

17

☐ 안에 들어갈 수 있는 수 중에서 가장 큰 수를 구하시오.

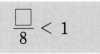

$\dfrac{\square}{8}<1$

18

☐ 안에 알맞은 자연수는 모두 몇 개입니까?

$2\dfrac{6}{7}<\dfrac{\square}{7}<4\dfrac{2}{7}$

6단원 마무리하기(2) ⋯⋯⋯ ➡ 6. 분수

01
어떤 진분수의 분모를 분자로 나누면 몫이 2이고, 나머지가 6입니다. 이 진분수가 될 수 있는 분수 중 가장 작은 진분수를 구하시오.

02
2에서 9까지의 숫자 카드가 2장씩 있습니다. 숫자 카드 2장을 사용하여 분수를 만들었을 때, 분모와 분자의 합이 12인 진분수는 모두 몇 가지입니까?

2	2	3	3	4	4	5	5
6	6	7	7	8	8	9	9

03
2에서 9까지의 숫자 카드가 2장씩 있습니다. 숫자 카드 2장을 사용하여 만들 수 있는 분자가 4인 가분수를 모두 쓰시오.

2	2	3	3	4	4	5	5
6	6	7	7	8	8	9	9

04
자연수 ㉠, ㉡이 다음 조건을 만족할 때, $\frac{㉠}{㉡}$이 진분수가 되는 경우는 모두 몇 가지입니까?

$$2 < ㉠ < 7 \qquad 3 < ㉡ < 7$$

05
분모가 6이고, 분자가 40보다 작은 분수 중에서 자연수로 나타낼 수 있는 분수는 모두 몇 개입니까? _____

06
두 자연수 ㉮, ㉯가 다음을 만족할 때 $\frac{㉯}{㉮}$ 가 가분수가 되는 경우는 몇 가지 입니까? _____

$$2 < ㉮ < 7 \qquad 4 < ㉯ < 8$$

07
어떤 가분수의 분자를 분모로 나누면 몫이 4이고, 나머지가 5입니다. 이 가분수가 될 수 있는 분수 중 가장 큰 가분수를 구하시오. _____

08
다음 수직선에서 0과 2 사이를 똑같이 12로 나누었습니다. 나누어진 곳 중에서 대분수로 나타낼 수 있는 곳은 몇 군데입니까? _____

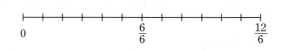

09

통에 오렌지 주스가 $\frac{41}{5}$ L들어 있습니다.

1 L들이 병에 가득 담으려고 합니다. 병이 몇 개 필요하고, 몇 L가 남습니까 ?

병 _____ L _____

10

숫자 카드 3장을 한 번씩만 사용하여 대분수를 만들려고 합니다. 가장 작은 것부터 차례로 쓰시오.

5   3   8

11

분모가 12인 어떤 가분수의 분자를 9로 나누었더니 몫이 5이고 나머지는 분모보다 5가 작았습니다. 이 가분수를 대분수로 나타내시오.

_____

12

분자와 분모의 합이 10이고 차가 4인 가분수가 있습니다. 이 가분수를 대분수로 나타내시오.

_____

13

창수가 가지고 있는 테이프의 길이는 $\frac{11}{8}$ m 이고, 수정이가 가지고 있는 테이프의 길이는 $\frac{15}{8}$ m입니다. 태희가 가지고 있는 테이프의 길이는 창수와 수정이의 테이프의 길이 사이에 있습니다. 태희가 가지고 있는 테이프의 길이는 몇 m가 될 수 있는지 모두 쓰시오.

14

4장의 숫자 카드 중에서 2장을 골라 가분수를 만들려고 합니다. 만들 수 있는 가분수 중에서 자연수 2보다 큰 가분수를 쓰시오.

5   3   9   8

15

수직선의 색칠한 범위에 해당하는 수에 ○표 하시오.

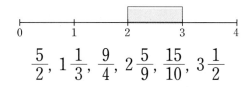

$\frac{5}{2}$, $1\frac{1}{3}$, $\frac{9}{4}$, $2\frac{5}{9}$, $\frac{15}{10}$, $3\frac{1}{2}$

16

다음 식에서 ☆에 알맞은 수는 모두 몇 개인지 구하시오.

$$\frac{31}{8} > 3\frac{☆}{8}$$

17

빈칸에 들어갈 수 있는 자연수는 모두 몇 개입니까 ?

$$5\frac{4}{6} < \frac{\square}{6} < 8\frac{1}{6}$$

18

$\frac{12}{4}$부터 $\frac{96}{8}$까지의 자연수의 합을 구하시오.

더 높은 수준의 실력을 원하는 학생은 이 책 125 쪽에 있는 고난도 문제에 도전하세요.

음식을 먹는 순서로
체크해 보는 사람의 성격

다섯 종류의 요리를 어떤 순서로 먹을까요?

보통 사람들은 자신이 좋아하는 것을 먼저 먹기도 하고 제일 나중에 먹기도 합니다.

싫은 음식을 먹는 순서에도 심층 심리가 나타나 있어요

그럼, 아래의 메뉴 중에서 여러분이 가장 먼저 먹고 싶은 것부터 나중까지를 선택하시고, 다음의 질문과 결과를 보세요.

a. 어묵   **b.** 생선회   **c.** 야채 절임   **d.** 초요리   **e.** 고기찜

■진단

1 **야채 절임이 첫 번째** 야채절임은 가정적인 음식이다. 이것을 처음 먹으려는 사람은 어린 시절의 향수를 추구하는 사람이 많고, 잘 감싸줄 수 있는 이성을 동경하는 경향이 있다. 항상 마음 어딘가에 만족되지 않는 부분을 지니고 있다.

2 **야채 절임이 두 번째** 외견은 소프트에서 온순한 이미지인 당신이지만, 이성에 대해서는 대담한 쪽이다. 또, 사랑하는 사람에게는 헌신적인 최선을 다한다. 배신당하는 것을 매우 두려워하고 있기 때문에 항상 마음 한 구석에는 이성에 대한 불신감이 깔려 있다. 이 타입은 자신 만의 비밀을 갖기 쉬운 사람이다. 독립심도 강하다.

3 **야채 절임이 세 번째** 기분에 따라 변덕이 심하고, 과거의 좋았던 때만을 항상 생각하는 사람이다. 이 타입은 나이가 들어도 어린 시절만을 동경하고 집착하는 경향이 있다. 이성과의 애정 표현에 있어서도 소극적인 태도를 보이는 경우가 많다.

4 **야채 절임이 네 번째, 다섯 번째** 가장 평범하고 일반적인 성격이다. 주변에서 무난한 성격이라는 말을 많이 들으며 다른 사람들이 함께 있으면 편안해 한다. 욕심이 없는 성격으로써 스트레스를 잘 극복한다.

- 3학년 2학기에서는 소수 한 자리 수의 쓰기, 읽기, 소수의 크기 비교 등을 공부하였습니다.
- 이 단원에서는 3학년에서 학습한 소수의 개념을 바탕으로 분모가 100인 분수를 통하여 소수 두 자리 수를 공부합니다.
- 분모가 1000인 분수를 통하여 소수 세 자리 수를 이해한 다음, 이들 소수를 바르게 읽고 쓸 수 있도록 합니다.
- 소수와 분수의 상호 관계와 100배, 1000배의 관계를 가진 m와 cm, km와 m의 단위 환산을 통하여 소수 두 자리 수와 소수 세 자리 수를 이해하도록 합니다.
- 단위 소수 0.1, 0.01, 0.001 사이의 관계와 소수의 크기 비교를 학습하도록 합니다.

7 단원 학습 목표

① 소수 두 자리 수를 이해하며 읽고 쓸 수 있다.
② 소수 세 자리 수를 이해하며 읽고 쓸 수 있다.
③ 소수의 자릿값과 숫자로 소수를 나타낼 수 있다.
④ 소수를 이용하여 측정값을 서로 환산할 수 있다.
⑤ 분수를 소수로, 소수를 분수로 나타낼 수 있다.
⑥ 소수의 관계를 알 수 있다.
⑦ 소수의 크기를 알고 크기를 비교할 수 있다.

소수

소수 알아보기

개념 **1** 0.01부터 0.09까지의 소수

① 100으로 나눈 작은 모눈 한 칸은 전체의 $\frac{1}{100}$ 입니다.

② $\frac{1}{100}$을 소수로 0.01이라 쓰고 **영점 영일**이라고 읽습니다.

$$\frac{1}{100} = 0.01$$

04
0.05 _____

05
0.07 _____

01

100칸짜리 모눈종이를 보고 빈칸에 알맞은 수 를 써넣으시오.

(1) 모눈종이는 모두

_____ 칸이고 색칠한 부분은 _____ 칸 이므로 색칠한 부분을 분수로 나타내면

$\frac{(\quad)}{(\quad)}$

(2) 이 분수를 소수로 나타내면 _____ 이고 _____ (이)라고 읽습니다.

【6~9】 보기와 같이 분수를 소수로 나타내고, 소수를 읽으시오.

보기 $\frac{2}{100}$ ⇒ (1) 0.02 (2) 영점 영이

06
$\frac{3}{100}$ (1) _____ (2) _____

07
$\frac{6}{100}$ (1) _____ (2) _____

【2~3】 큰 사각형을 1로 보았을 때, 색칠한 부분 을 소수로 나타내시오.

02

03
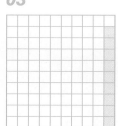

08
$\frac{8}{100}$ (1) _____ (2) _____

09
$\frac{9}{100}$ (1) _____ (2) _____

10

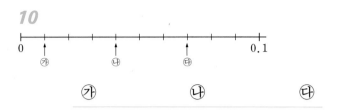

㉮ _____ ㉯ _____ ㉰ _____

11

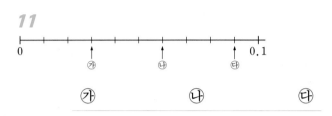

㉮ _____ ㉯ _____ ㉰ _____

【12~15】 보기와 같이 빈칸에 알맞은 수를 쓰시오.

> 보기　$\dfrac{2}{100}$ 는 $\dfrac{1}{100}$ 이 2개이고,
>
> 　　0.02는 0.01이 2개입니다.

12

$\dfrac{3}{100}$ 은 $\dfrac{1}{100}$ 이 _____ 개이고,

0.03은 0.01이 _____ 개입니다.

13

$\dfrac{5}{100}$ 는 $\dfrac{1}{100}$ 이 _____ 개이고,

0.05는 0.01이 _____ 개입니다.

14

$\dfrac{7}{100}$ 은 $\dfrac{1}{100}$ 이 _____ 개이고,

0.07은 0.01이 _____ 개입니다.

15

$\dfrac{9}{100}$ 는 $\dfrac{1}{100}$ 이 _____ 개이고,

0.09는 0.01이 _____ 개입니다.

【16~19】 보기와 같이 길이를 분수와 소수로 나타내시오.

> 보기　2 cm ➡ (1) $\dfrac{2}{100}$ m　(2) 0.02 m

16

4 cm　(1) $\dfrac{(\quad)}{(\quad)}$ m　(2) _____ m

17

6 cm　(1) $\dfrac{(\quad)}{(\quad)}$ m　(2) _____ m

18

8 cm　(1) $\dfrac{(\quad)}{(\quad)}$ m　(2) _____ m

19

9 cm　(1) $\dfrac{(\quad)}{(\quad)}$ m　(2) _____ m

0.01의 자리 숫자 알아보기

20

0.01의 자리 숫자를 쓰시오.

(1) 0.04 _____

(2) 0.07 _____

(3) 0.09 _____

21

0.01의 자리 숫자가 다음과 같을 때 소수로 나타내시오.

(1) 2 _____

(2) 5 _____

(3) 8 _____

소수 두 자리 수 알아보기

| 개념 **1** | 소 수 두 자 리 수 |

분수 $\frac{15}{100}$ 를 소수로 0.15라 쓰고 영점 일오라고 읽습니다.

$$\frac{15}{100} = 0.15$$

$\frac{15}{100}$

0.1   0.2

↑
0.15

【1~3】 100칸짜리 모눈종이로 다음을 알아보시오.

01

35칸을 색칠하시오.

02

이것은 전체의 얼마인지 분수로 나타내시오.

03

이 분수를 소수로 나타내고 소수를 읽으시오.

【4~7】 큰 사각형을 1로 보았을 때, 색칠한 부분을 소수로 나타내시오.

04
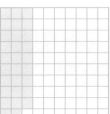

05
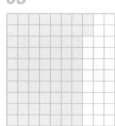

06
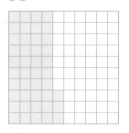

07
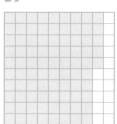

분수를 소수로 나타내기

【8~9】 길이를 분수와 소수로 나타내시오.

08

64 cm   (1) $\dfrac{(\quad\quad)}{(\quad\quad)}$ m   (2) _____ m

09

86 cm   (1) $\dfrac{(\quad\quad)}{(\quad\quad)}$ m   (2) _____ m

【10~13】 분수를 소수로 나타내시오.

10

$\dfrac{83}{100}$ ⟹ _____

11

$\dfrac{97}{100}$ ⟹ _____

12

$\dfrac{125}{100}$ ⟹ _____

13

$\dfrac{716}{100}$ ⟹ _____

소수 읽기

【14~18】 소수를 읽으시오.

14

0.52 ➡ _____

15

0.15 ➡ _____

16

0.63 ➡ _____

17

0.84 ⇒ _____

18

0.91 ⇒ _____

분수를 소수로 나타내고 읽기

【19~22】 보기와 같이 분수를 소수로 나타내고
소수를 읽으시오.

보기 $\frac{12}{100}$ ➡ (1) 0.12 (2) 영점 일이

19

$\frac{41}{100}$ ➡ (1) _____ (2) _____

20

$\frac{29}{100}$ ⇒ (1) _____ (2) _____

21

$\frac{56}{100}$ ➡ (1) _____ (2) _____

22

$\frac{78}{100}$ ➡ (1) _____ (2) _____

소수를 수직선에 나타내기

【23~28】 빈칸에 알맞은 소수를 쓰시오.

23

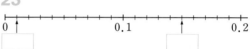

24

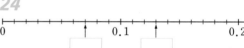

25

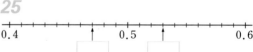

26

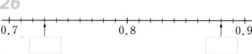

27

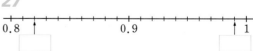

28

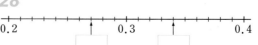

소수 두 자리 수와 0.01과의 관계

【29~35】 빈칸에 알맞은 수를 쓰시오.

29

$\dfrac{26}{100}$ 은 $\dfrac{1}{100}$ 이 _____ 개이고,

0.26은 0.01이 _____ 개입니다.

30

$\dfrac{83}{100}$ 은 $\dfrac{1}{100}$ 이 _____ 개이고,

0.83은 0.01이 _____ 개입니다.

31

$\dfrac{12}{100}$ 는 $\dfrac{1}{100}$ 이 _____ 개이므로,

0.01이 12개인 수 _____ 와 같습니다.

32

$\dfrac{42}{100}$ 는 $\dfrac{1}{100}$ 이 _____ 개이므로,

0.01이 42개인 수 _____ 와 같습니다.

33

$\dfrac{75}{100}$ 는 $\dfrac{1}{100}$ 이 _____ 개이므로,

_____ 는 0.01이 75개입니다.

34

$\dfrac{74}{100}$ 는 $\dfrac{1}{100}$ 이 _____ 개이고,

0.74는 _____ 이 74개입니다.

35

$\dfrac{43}{100}$ 은 $\dfrac{1}{100}$ 이 _____ 개이고,

_____ 은 0.01이 43개입니다.

자연수와 소수를 함께 나타내기

【36~43】 분수를 보기와 같이 소수로 나타내시오.

보기　$5\dfrac{24}{100}=5+\dfrac{24}{100}=5+0.24=5.24$

36

$4\dfrac{28}{100}=4+\dfrac{28}{100}$

$\qquad =4+$ _____ $=$ _____

37

$7\dfrac{51}{100}=7+\dfrac{51}{100}$

$\qquad =7+$ _____ $=$ _____

38

$9\dfrac{75}{100}=$ _____

39

$8\dfrac{32}{100}=$ _____

40

$1\dfrac{4}{100}=$ _____

41

$4\dfrac{7}{100}=$ _____

42

$5\dfrac{86}{100}=$ _____

43

$10\dfrac{24}{100}=$ _____

소수 두 자리 수의 자릿값 알아보기

【1~8】 소수를 읽으시오.

> 7.58 ⇒ 칠점 오팔

01
1.04 ⇒ _____

02
5.07 ⇒ _____

03
3.4 ⇒ _____

04
5.9 ⇒ _____

05
12.12 ⇒ _____

06
25.24 ⇒ _____

07
30.03 ⇒ _____

08
70.07 ⇒ _____

【9~11】 분수를 소수로 나타내고 소수를 읽으시오.

09
$\dfrac{192}{100}$ ⇒ (1) _____ (2) _____

10
$\dfrac{258}{100}$ ⇒ (1) _____ (2) _____

11
$\dfrac{841}{100}$ ⇒ (1) _____ (2) _____

개념 **1** 소수 두 자리 수의 자릿값

○ 소수 2.45에서
❶ 2는 일의 자리 숫자이고, 2를 나타냅니다.
❷ 4는 0.1의 자리 (소수 첫째 자리)숫자이고, 0.4를 나타냅니다.
❸ 5는 0.01의 자리(소수 둘째 자리)숫자이고, 0.05를 나타냅니다.

2	·	4	5
일의 자리	·	영점 일의 자리	영점 영일의 자리

12
4.28을 보고 빈칸에 알맞은 것을 쓰시오.

(1) 4는 (　　　)의 자리 숫자이고, (　　　)를 나타냅니다.

(2) 2는 (　　　)의 자리 또는 소수 (　　　) 자리 숫자이고, (　　　)를 나타냅니다.

(3) 8은 (　　　)의 자리 또는 소수 (　　　) 자리 숫자이고, (　　　)을 나타냅니다.

(4) 4.28=4+0.2+(　　　)

13

8.45에서 4는 _____ 를 나타내고
5는 _____ 를 나타냅니다.

14

0.1의 자리 숫자가 가장 작은 것은 어느
것입니까?

① 5.79   ② 9.28   ③ 7.85
④ 10.63   ⑤ 51.47

15

0.01의 자리 숫자가 큰 것부터 차례로 번
호를 쓰시오.

① 0.58   ② 4.92   ③ 15.17
④ 51.95   ⑤ 10.63

16

숫자 6이 나타내는 수가 큰 것부터 번호를
쓰시오.

① 16.72   ② 8.26
③ 13.68   ④ 61.99

소수 두 자리 수의 구성

[17~19] 빈칸에 알맞은 수를 쓰시오.

17

35.04는
- 10이 (   )개
- 1이 (   )개
- 0.1이 (   )개
- 0.01이 (   )개

18

72.09는
- 10이 (   )개
- 1이 (   )개
- 0.1이 (   )개
- 0.01이 (   )개

19

96.52는
- 10이 (   )개
- 1이 (   )개
- 0.1이 (   )개
- 0.01이 (   )개

조건을 만족하는 소수 두 자리 수 구하기

20

1이 5개, 0.1이 2개, 0.01이 4개
인 수는 [   ] 입니다.

21

1이 8개, 0.1이 1개, 0.01이 5개
인 수는 (   ) 입니다.

22

10이 3개, 1이 8개, 0.1이 5개,
0.01이 8개인 수는 [   ] 입니다.

23

10이 5개, 1이 3개, 0.1이 4개,
0.01이 9개인 수는 (   ) 입니다.

24

1이 13개, 0.1이 2개, 0.01이 3개
인 수는 [   ] 입니다.

25

10이 5개, 1이 7개, $\frac{1}{100}$ 이 62개
인 수는 [   ] 입니다.

소수 세 자리 수 알아보기(1)

개념 **1** 0.001부터 0.009까지의 수

분수 $\frac{1}{1000}$ 을 소수로 0.001이라 쓰고 **영점 영영일**
이라고 읽습니다.

$$\frac{1}{1000} = 0.001$$

【1~3】 소수를 읽으시오.

01

0.002 ➡

02

0.003 ➡

03

0.009 ➡

【4~7】 분수를 소수로 나타내고 소수를 읽으시오.

$\frac{5}{1000}$ ➡ (1) 0.005 (2) 영점 영영오

04

$\frac{4}{1000}$ ➡ (1) (2)

05

$\frac{6}{1000}$ ➡ (1) (2)

06

$\frac{7}{1000}$ ➡ (1) (2)

07

$\frac{8}{1000}$ ➡ (1) (2)

【8~9】 ⑦, ⑭, ⑯에 알맞은 소수를 쓰시오.

08

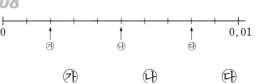

09

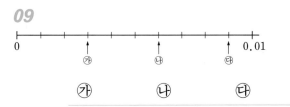

【10~11】 보기와 같이 빈칸에 알맞은 수를 쓰시오.

보기 $\frac{3}{1000}$ 은 $\frac{1}{1000}$ 이 $\underline{3}$ 개이고,

0.003은 0.001이 $\underline{3}$ 개입니다.

10

$\frac{7}{1000}$ 은 $\frac{1}{1000}$ 이 _____ 개이고,

0.007은 0.001이 _____ 개입니다.

11

$\frac{9}{1000}$ 는 $\frac{1}{1000}$ 이 _____ 개이고,

0.009는 _____ 이 9개입니다.

【12〜14】 길이를 분수와 소수로 나타내시오.

$$2\,\text{m} \Rightarrow \text{(1)} \frac{2}{1000}\,\text{km} \quad \text{(2)} 0.002\,\text{km}$$

12

$4\,\text{m} \Rightarrow$ (1) $\dfrac{(\qquad)}{(\qquad)}\,\text{km}$ (2) _____ km

13

$7\,\text{m} \Rightarrow$ (1) $\dfrac{(\qquad)}{(\qquad)}\,\text{km}$ (2) _____ km

14

$9\,\text{m} \Rightarrow$ (1) $\dfrac{(\qquad)}{(\qquad)}\,\text{km}$ (2) _____ km

0.001의 자리 숫자 알아보기

15

0.001의 자리 숫자를 쓰시오.

(1) 0.002 _____

(2) 0.007 _____

(3) 0.009 _____

16

0.001의 자리 숫자가 다음과 같을 때 소수로 나타내시오.

(1) 3 _____

(2) 5 _____

(3) 8 _____

개념 2 0.011부터 0.099까지의 수

분수 $\dfrac{72}{1000}$ 를 소수로 0.072라 쓰고 영점 영칠이라고 읽습니다.

$$\frac{72}{1000} = 0.072$$

【17〜19】 소수를 읽으시오.

17

0.015 _____

18

0.064 _____

19

0.093 _____

【20〜22】 분수를 소수로 나타내고 소수를 읽으시오.

$$\frac{16}{1000} \Rightarrow \text{(1) } 0.016 \quad \text{(2) 영점 영일육}$$

20

$\dfrac{14}{1000} \Rightarrow$ (1) _____ (2) _____

21

$\dfrac{35}{1000} \Rightarrow$ (1) _____ (2) _____

22

$\dfrac{86}{1000} \Rightarrow$ (1) _____ (2) _____

【23～25】 ㉮, ㉯, ㉰에 알맞은 소수를 쓰시오.

23

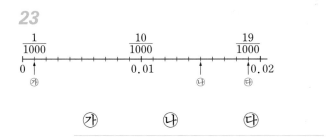

㉮	㉯	㉰

24

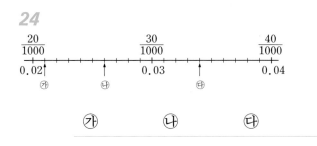

㉮	㉯	㉰

25

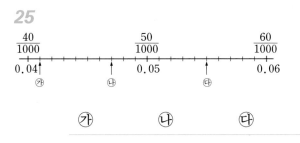

㉮	㉯	㉰

【26～28】 보기와 같이 빈칸에 알맞은 수를 쓰시오.

> 보기 $\dfrac{15}{1000}$ 는 $\dfrac{1}{1000}$ 이 <u>15</u> 개이고,
>
> 0.015는 0.001이 <u>15</u> 개입니다.

26

$\dfrac{45}{1000}$ 는 $\dfrac{1}{1000}$ 이 _____ 개이고,

0.045는 0.001이 _____ 개입니다.

27

$\dfrac{64}{1000}$ 는 $\dfrac{1}{1000}$ 이 _____ 개이고,

0.064는 _____ 이 64개입니다.

28

$\dfrac{92}{1000}$ 는 $\dfrac{1}{1000}$ 이 _____ 개이고,

_____ 는 0.001이 92개입니다.

【29～31】 길이를 분수와 소수로 나타내시오.

> 52 m ➡ (1) $\dfrac{52}{1000}$ km   (2) 0.052 km

29

36 m ➡ (1) $\dfrac{(\quad)}{(\quad)}$ km   (2) _____ km

30

75 m ➡ (1) $\dfrac{(\quad)}{(\quad)}$ km   (2) _____ km

31

91 m ➡ (1) $\dfrac{(\quad)}{(\quad)}$ km   (2) _____ km

> **0.01, 0.001의 자리 숫자 알아보기**

32

0.074에서 0.01의 자리 숫자는
_____ 이고, 0.001의 자리 숫자는
_____ 입니다.

33

0.095에서 소수 둘째 자리 숫자는
_____ 이고, 소수 셋째 자리 숫자는
_____ 입니다.

34

0.01의 자리 숫자가 3이고, 0.001의 자리 숫자가 7인 수를 구하시오.

35

소수 둘째 자리의 숫자가 8이고, 소수 셋째 자리의 숫자가 9인 수를 구하시오.

소수 세 자리 수 알아보기(2)

$\frac{671}{1000}$ ➡ (1) _____ (2) _____

$\frac{928}{1000}$ ➡ (1) _____ (2) _____

개념 1	0.101부터 0.999까지의 수

분수 $\frac{265}{1000}$ 를 소수로 0.265라 쓰고 영점 이육오라고 읽습니다.

$$\frac{265}{1000}=0.265$$

【8~10】 ㉮, ㉯에 알맞은 소수를 쓰시오.

08

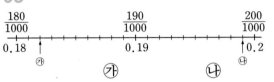

【1~3】 소수를 읽으시오.

01

0.319 ➡ _____

02

0.252 ➡ _____

09

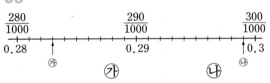

03

0.908 ➡ _____

10

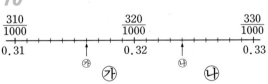

【4~7】 분수를 소수로 나타내고 소수를 읽으시오.

$\frac{152}{1000}$ ➡ (1) 0.152 (2) 영점 일오이

【11~13】 빈칸에 알맞은 수를 쓰시오.

보기	$\frac{815}{1000}$ 는 $\frac{1}{1000}$ 이 _815_ 개이고, 0.815는 0.001이 _815_ 개입니다.

04

$\frac{194}{1000}$ ➡ (1) _____ (2) _____

11

$\frac{152}{1000}$ 는 $\frac{1}{1000}$ 이 _____ 개이고,

0.152는 0.001이 _____ 개입니다.

05

$\frac{432}{1000}$ ➡ (1) _____ (2) _____

12

$\dfrac{427}{1000}$ 은 $\dfrac{1}{1000}$ 이 _____ 개이고,

0.427은 _____ 이 427개입니다.

13

$\dfrac{508}{1000}$ 은 $\dfrac{1}{1000}$ 이 _____ 개이고,

_____ 은 0.0001이 508개입니다.

【14~15】 길이를 분수와 소수로 나타내시오.

14

265 m ➡ (1) $\dfrac{(\quad)}{(\quad)}$ km (2) _____ km

15

876 m ➡ (1) $\dfrac{(\quad)}{(\quad)}$ km (2) _____ km

0.1, 0.01, 0.001의 자리 숫자 알아보기

16

0.729에서 0.1의 자리 숫자는 _____,

0.01의 자리 숫자는 _____,

0.001의 자리 숫자는 _____ 입니다.

17

0.815에서 소수 둘째 자리의 숫자는

_____ 이고, 소수 셋째 자리의 숫자는

_____ 입니다.

18

0.1의 자리 숫자가 3, 0.01의 자리 숫자가 7, 0.001의 자리 숫자가 8인 소수를 구하시오.

_____

소수 세 자리 수 알아보기(종합)

【19~20】 분수를 소수로 나타내고 읽으시오.

19

$\dfrac{27}{1000}$ ➡ (1) _____ (2) _____

20

$\dfrac{204}{1000}$ ➡ (1) _____ (2) _____

【21~23】 ㉮, ㉯에 알맞은 소수를 쓰시오.

21

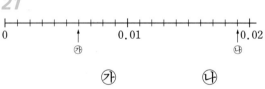

22

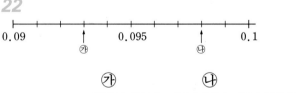

23

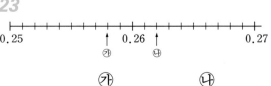

24

$\dfrac{6}{1000}$ 은 $\dfrac{1}{1000}$ 이 _____ 개이고,

0.006은 0.001이 _____ 개입니다.

25

$\dfrac{67}{1000}$ 은 $\dfrac{1}{1000}$ 이 _____ 개이고,

0.067은 _____ 이 67개입니다.

26

$\dfrac{108}{1000}$ 은 $\dfrac{1}{1000}$ 이 _____ 개이고,

_____ 은 0.001이 108개입니다.

27

빈칸에 알맞은 소수를 쓰시오.

(1) 7 m= _____ km

(2) 85 m= _____ km

(3) 371 m= _____ km

(4) 600 cm= _____ km

자연수와 소수를 함께 나타내기

28

$62\dfrac{379}{1000}=62+\dfrac{379}{1000}$

$\qquad =62+$ _____ $=$ _____

29

$\dfrac{3916}{1000}=3\dfrac{916}{1000}=3+\dfrac{916}{1000}$

$\qquad =3+$ _____ $=$ _____

30

$32\dfrac{196}{1000}=$ _____

31

$86\dfrac{253}{1000}=$ _____

32

1.608 ➡ _____

33

7.409 ⇒ _____

34

15.708 ⇒ _____

35

24.197 ⇒ _____

36

47.569 ⇒ _____

소수 세 자리 수의 자릿값

【1~4】 분수를 소수로 나타내고 소수를 읽으시오.

01

$\dfrac{1625}{1000}$ ⇒ _____

02

$\dfrac{3789}{1000}$ ⇒ _____

03

$\dfrac{5678}{1000}$ ⇒ _____

04

$\dfrac{24369}{1000}$ ⇒ _____

【5~8】 보기와 같이 빈칸에 알맞은 수를 쓰시오.

> 보기 $24.625 = 20 + 4 + 0.6 + 0.02 + 0.005$

05

$2.875 = 2 + \boxed{} + 0.07 + \boxed{}$

06

$3.654 = 3 + \underline{} + 0.05 + \underline{}$

07

$36.205 = \boxed{} + 6 + \boxed{} + \boxed{}$

08

$84.307 = \underline{} + 4 + \underline{} + \underline{}$

개념 1 소수 세 자리 수의 자릿값

⇒ 소수 **3.478**에서
① **3**은 일의 자리 숫자이고, 3을 나타냅니다.
② **4**는 0.1의 자리 (소수 첫째 자리)숫자이고, 0.4를 나타냅니다.
③ **7**은 0.01의 자리(소수 둘째 자리)숫자이고, 0.07을 나타냅니다.
④ **8**은 0.001의 자리(소수 셋째 자리)숫자이고, 0.008을 나타냅니다.

일의 자리	·	영점 일의 자리	영점 영일의 자리	영점 영영일의 자리
3	·	4	7	8

09

6.187을 보고 빈칸에 알맞은 것을 쓰시오.

(1) 6은 _____ 의 자리 숫자이고, _____ 을 나타냅니다.

(2) 1은 _____ 의 자리 숫자이고, _____ 을 나타냅니다.

(3) 8은 _____ 의 자리 숫자이고, _____ 을 나타냅니다.

(4) 7은 _____ 의 자리 숫자이고, _____ 을 나타냅니다.

10

81.456을 보고 빈칸에 알맞은 것을 쓰시오.

(1) 8은 (_____)의 자리의 숫자이고, (_____) 을 나타냅니다.

(2) 1은 (_____)의 자리의 숫자이고, (_____) 을 나타냅니다.

(3) 4는 (_____)의 자리의 숫자이고, (_____) 를 나타냅니다.

(4) 5는 (_____)의 자리의 숫자이고, (_____) 를 나타냅니다.

(5) 6은 (_____)의 자리의 숫자이고, (_____) 을 나타냅니다.

11

소수에서 숫자 3이 나타내는 수를 쓰시오.

(1) 5.238 _____ (2) 7.013 _____

(3) 3.486 _____ (4) 84.536 _____

12

영점 영일의 자리의 숫자에 ○표 하시오.

(1) 0.041 (2) 6.15

(3) 12.406 (4) 25.084

소수 세 자리 수의 구성

【13~16】 빈칸에 알맞은 수를 쓰시오.

13

10의 자리의 숫자가 6 ┐
1의 자리의 숫자가 2 │
0.1의 자리의 숫자가 5 ├ 인 수는
0.01의 자리의 숫자가 0 │ _____
0.001의 자리의 숫자가 8 ┘

14

10의 자리의 숫자가 8 ┐
1의 자리의 숫자가 5 │
0.1의 자리의 숫자가 3 ├ 인 수는
0.01의 자리의 숫자가 6 │ _____
0.001의 자리의 숫자가 9 ┘

15

20.086은 ┌ 10의 자리의 숫자가 _____
├ 1의 자리의 숫자가 _____
├ 0.1의 자리의 숫자가 _____
├ 0.01의 자리의 숫자가 _____
└ 0.001의 자리의 숫자가 _____

16

3.569는 ┌ 1의 자리의 숫자가 _____
├ 0.1의 자리의 숫자가 _____
├ 0.01의 자리의 숫자가 _____
└ 0.001의 자리의 숫자가 _____

조건을 만족하는 소수 구하기

【17~23】 소수로 나타내시오.

17

0.01이 6개인 수는 _____ 입니다.

18

0.01이 63개인 수는 _____ 입니다.

19

0.001이 139개인 수는 _____ 입니다.

20

0.001이 2068개인 수는 _____ 입니다.

21

0.001이 5087개인 수는 _____ 입니다.

22

1이 24개, 0.1이 3개, 0.001이 43개인 수는
_____ 입니다.

23

10이 36개, $\frac{1}{100}$이 17개, $\frac{1}{1000}$이 9개인
수는 _____ 입니다.

중단원 평가 문제(1) 소수 알아보기~
소수 세 자리 수의 자릿값

[1~4] 분수를 소수로 나타내시오.

01

$\dfrac{6}{100}$ ⇒ _____

02

$\dfrac{95}{100}$ ⇒ _____

03

$7\dfrac{53}{100}$ ⇒ _____

04

$\dfrac{952}{100}$ ⇒ _____

[5~6] 소수를 읽으시오.

05

0.07 ⇒ _____

06

26.43 ⇒ _____

07

소수로 쓰시오.

오십육점 영칠 ⇒ _____

[8~20] 빈칸에 알맞은 수를 쓰시오.

08

$\dfrac{23}{100}$ 은 $\dfrac{1}{100}$ 이 (   )개이고,

(   )은 0.01이 23개입니다.

09

0.01이 92개인 수는 (   )입니다.

10

0.01이 373개인 수는 (   )입니다.

11

$3\dfrac{49}{100}=($ $)+\dfrac{(\quad)}{100}$

$=($ $)+($ $)=($ $)$

12

13

807cm=(   )m

14

1이 5개, 0.1이 2개, 0.01이 7개
인 수는 (   )입니다.

STEP 01

15

십의 자리 숫자가 7, 일의 자리 숫자가 3, 0.1의 자리 숫자가 5, 0.01의 자리 숫자가 9인 수는 (   )입니다.

16

10이 6개, 1이 3개, 0.1이 2개, 0.01이 8개인 수는 (   )입니다.

17

10이 23개, 1이 23개, 0.1이 2개, 0.01이 3개인 수는 (   )입니다.

18

$34.29 = 30 + ($ $) + 0.2 + ($ $)$

19

$$39.27은 \begin{cases} 10이 (\quad)개 \\ 1이 (\quad)개 \\ 0.1이 (\quad)개 \\ 0.01이 (\quad)개 \end{cases}$$

20

$$\begin{cases} 10이 \ 3 \\ 1이 \ 2 \\ 0.1이 \ 0 \\ 0.01이 \ 7 \end{cases}$$ 개인 수는 (   )입니다.

21

소수 영점 일의 자리 숫자가 가장 큰 것과 가장 작은 것을 차례로 쓰시오.

① 0.08   ② 4.12   ③ 12.43
④ 1.74   ⑤ 3.59

22

소수 둘째 자리 숫자가 큰 것부터 차례로 쓰시오.

① 46.07   ② 0.89   ③ 1.62
④ 97.43   ⑤ 0.76

23

민수는 철사 1 m를 가지고 있었는데, 미술 시간에 76 cm를 사용하였습니다. 민수가 미술 시간에 사용하고 남은 철사는 몇 m 인지 소수로 나타내시오.

【24~27】 분수를 소수로 나타내시오.

24

$\dfrac{7}{1000} \Rightarrow$ _____

25

$\dfrac{205}{1000} \Rightarrow$ _____

26

$29\dfrac{243}{1000} \Rightarrow$ _____

27

$\dfrac{9736}{1000} \Rightarrow$ _____

【28~29】 소수를 읽으시오.

28

0.072 ⇒ _____

29

8.231 ⇒ _____

30

소수로 쓰시오.

십오점 영사구 ⇒ _____

【31~40】 빈칸에 알맞은 수를 쓰시오.

31

$\dfrac{(\quad)}{1000}$ 은 $\dfrac{1}{1000}$ 이 73개이고,

0.073은 0.001이 (　　)개입니다.

32

$38\dfrac{74}{1000} = 38 + \dfrac{\boxed{}}{1000} = 38 + \boxed{}$

$\phantom{38\dfrac{74}{1000} = 38 + } = \boxed{}$

33

0.001이 8개인 수는 (　　　　　)입니다.

34

0.001이 4087개인 수는 (　　　)입니다.

35

593 m = $\boxed{}$ km

36

7296 m = $\boxed{}$ km

37

38

87.279 = 80 + (　　) + 0.2 + (　　　) + 0.009

39

십의 자리 숫자가 8, 일의 자리 숫자가 6, 소수 첫째 자리 숫자가 0, 소수 둘째 자리 숫자가 3, 소수 셋째 자리 숫자가 7인 수 는 (　　　　)입니다.

40

$\left.\begin{array}{l} 10\text{이 } 5 \\ 1\text{이 } 2 \\ 0.1\text{이 } 9 \\ 0.01\text{이 } 3 \\ 0.001\text{이 } 8 \end{array}\right\}$ 개인 수는 (　　　)입니다.

중단원 평가 문제(2) 소수 알아보기~
소수 세 자리 수의 자릿값

[1~10] 빈칸에 알맞은 수를 쓰시오.

01

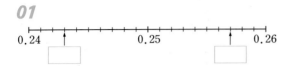

02

82.745에서 십의 자리 숫자는 (   ), 일의 자리 숫자는 (   ), 소수 첫째 자리 숫자는 (   ), 소수 둘째 자리 숫자는 (   ), 소수 셋째 자리 숫자는 (   )입니다.

03

0.27은 (   )이 27개이고,
(   )는 0.01이 65개입니다.

04

0.735는 (   )이 735개이고,
(   )은 0.001이 4678개입니다.

05

21.074는
- 10이 (   )개
- 1이 (   )개
- 0.1이 (   )개
- 0.01이 (   )개
- 0.001이 (   )개

06

$\frac{1}{1000}$이 692개인 수를 소수로 나타내면

(   )이고, $\frac{6043}{1000}$을 소수로 나타내면

(   )입니다.

07

0.001이 524개인 수는 (   )이고,

$\frac{1}{1000}$이 4057개인 수는 (   )입니다.

08

100이 5개, 1이 13개, 0.1이 8개, 0.01이 9개, 0.001이 7개인 수는 (   )입니다.

09

- 10이 3
- 1이 22
- 0.1이 16
- 0.01이 36

인 수는 [   ]개입니다.

10

$\frac{1}{10}$이 231개, $\frac{1}{100}$이 25개, $\frac{1}{1000}$이 204개인 수는 (   )입니다.

11

1000이 1, 1이 14, 소수 첫째 자리 숫자가 3, 소수 둘째 자리 숫자가 0, 소수 셋째 자리 숫자가 8인 수는 얼마입니까?

12

10이 42개, 1이 5개, 0.1이 21개, 0.01이 8개, 0.001이 7개인 수는 얼마입니까?

13

1000이 9개, 1이 205개, 0.1이 21개, 0.01이 32개, 0.001이 127개인 수는 얼마입니까?

14

29.506에서 소수 셋째 자리 숫자와 그 숫자가 나타내는 수는 각각 얼마입니까?

15

129.074에서 숫자 7이 나타내는 자리와 나타내는 수를 각각 쓰시오.

16

소수 둘째 자리 숫자가 8인 수를 모두 찾으시오.

① 8.43   ② 80.26
③ 4.38   ④ 5.83
⑤ 9.085

17

소수 셋째 자리 숫자가 가장 큰 것부터 차례로 쓰시오.

① 5.348   ② 3.076
③ 4.987   ④ 8.795
⑤ 1.009

18

96.475에 대한 설명으로 옳은 것을 모두 찾으시오.

① 9는 10이 9인 수입니다.

② 6은 1이 6인 수입니다.

③ 4는 $\frac{1}{100}$이 4인 수입니다.

④ 7은 $\frac{1}{1000}$이 7인 수입니다.

⑤ 5는 0.001이 5인 수입니다.

19

옳은 것을 모두 찾으시오.

① 0.08은 0.01이 8입니다.

② 0.072는 0.001이 72입니다.

③ 4.03의 3은 0.1이 3입니다.

④ 8.046은 $8\frac{460}{1000}$입니다.

⑤ 9.081은 0.01이 9081입니다.

20

다음 중 숫자 6이 나타내는 수가 가장 작은 것은 어느 것입니까?

① 6.51   ② 72.617
③ 6.08   ④ 0.069
⑤ 89.706

STEP 02

21

25.784에서 숫자 4가 나타내는 수와 같은 것은 어느 것입니까?

① 0.1이 4인 수   ② $\frac{1}{100}$이 4인 수

③ 1이 4인 수   ④ 0.01이 4인 수

⑤ $\frac{1}{1000}$이 4인 수

22

숫자 7이 나타내는 수가 큰 것부터 차례로 쓰시오.

① 257.34   ② 0.972

③ 11.097   ④ 45.74

⑤ 70.263

23

2.678에서 2가 나타내는 수와 63.312에서 2가 나타내는 수의 다른 점을 쓰시오.

24

1에 가장 가까운 수를 찾으시오.

① 1.21   ② 1.01

③ 0.91   ④ 0.995

⑤ 1.003

25

$\frac{1}{4} = \frac{25}{100} = 0.25$입니다. 이것을 이용해서

$\frac{3}{4}$을 소수로 나타내시오.

26

경석이는 2시간 동안 7 km 685 m를 달렸습니다. 경석이가 2시간 동안 달린 거리는 몇 km입니까?

27

형규가 가지고 있는 끈의 길이는 1 m 30 cm이고, 수아가 가지고 있는 끈의 길이는 형규가 가지고 있는 끈의 길이보다 36 cm 짧습니다. 수아가 가지고 있는 끈의 길이는 몇 m입니까?

28

길동이가 가지고 있는 색종이는 한 변의 길이가 19 cm인 정사각형입니다. 길동이가 가지고 있는 색종이의 둘레의 길이는 몇 m입니까?

29

세희는 한 바퀴의 길이가 150 m인 운동장을 4바퀴 돌고 35m를 더 달렸다면, 모두 몇 km를 달렸습니까?

30

1 kg, 100 g, 10 g, 1 g짜리 저울추가 각각 10개씩 있습니다. 2.408 kg을 재려면 10 g짜리와 1 g짜리 저울추는 각각 몇 개씩 필요합니까?

➡ 더 높은 수준의 실력을 원하는 학생은 이 책 127 쪽에 있는 고난도 문제에 도전하세요.

개념 1 소수를 10배한 수

◯ 소수를 10배하면 소수점이 오른쪽으로 한 칸 이동합니다.

$$5.729 \xrightarrow{10배} 57.29 \xrightarrow{10배} 572.9$$

【1~4】 빈칸에 알맞은 수를 쓰시오.

01
10.62의 10배는 _____입니다.

02
50.92의 10배는 _____입니다.

03
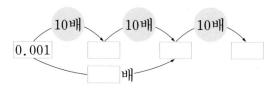

04
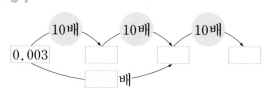

개념 2 소수를 100배한 수

◯ 소수를 100배하면 소수점이 오른쪽으로 2칸 이동합니다.

$$0.5729 \xrightarrow{100배} 57.29 \xrightarrow{100배} 5729$$

【5~7】 빈칸에 알맞은 수를 쓰시오.

05
0.004의 100배는 _____입니다.

06
0.005의 100배는 _____입니다.

07
0.007의 100배는 _____입니다.

소수를 10배, 100배한 수

【8~12】 빈칸에 알맞은 수를 쓰시오.

08
0.3의 10배는 _____이고, 100배는
_____입니다.

09
0.24의 10배는 _____이고, 100배는
_____입니다.

10
0.87의 10배는 _____이고, 100배는
_____입니다.

11
0.624의 10배는 _____이고, 100배는
_____입니다.

12
4.596의 10배는 _____이고, 100배는
_____입니다.

13

다음 수를 10배한 수를 구하시오.

> 10이 6개, 1이 4개, 0.1이 2개
> 0.01이 5개, 0.001이 9개인 수

_____

몇 배인지 알아보기

【14~23】 빈칸에 알맞은 수를 쓰시오.

14

4는 0.4의 _____ 배입니다.

15

9는 0.9의 _____ 배입니다.

16

1은 0.01의 _____ 배입니다.

17

6은 0.06의 _____ 배입니다.

18

2.5는 0.025의 _____ 배입니다.

19

8.1은 0.081의 _____ 배입니다.

20

5는 0.005의 _____ 배입니다.

21

1.6은 0.016의 _____ 배입니다.

22

10은 0.1의 _____ 배입니다.

23

50은 0.5의 _____ 배입니다.

자릿값의 비교

24

㉠이 나타내는 수는 ㉡이 나타내는 수의 몇 배입니까?

_____

25

㉠이 나타내는 수는 ㉡이 나타내는 수의 몇 배입니까?

_____

26

㉠이 나타내는 수는 ㉡이 나타내는 수의 몇 배입니까?

_____

소수 사이의 관계 알아보기(2)

개념 **1** 소수를 $\frac{1}{10}$배한 수

○ 소수를 $\frac{1}{10}$배하면 소수점이 왼쪽으로 한 칸 이동합니다.

$$\boxed{5.729} \xleftarrow[\text{배}]{\frac{1}{10}} \boxed{57.29} \xleftarrow[\text{배}]{\frac{1}{10}} \boxed{572.9}$$

【1~5】 빈칸에 알맞은 수를 쓰시오.

01

0.47의 $\frac{1}{10}$배는 ＿＿＿＿입니다.

02

0.58의 $\frac{1}{10}$배는 ＿＿＿＿입니다.

03

0.39의 $\frac{1}{10}$배는 ＿＿＿＿입니다.

04

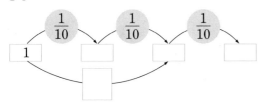

05

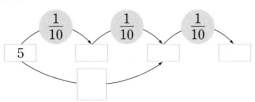

개념 **2** 소수를 $\frac{1}{100}$배한 수

○ 소수를 $\frac{1}{100}$배하면 소수점이 왼쪽으로 두 칸 이동합니다.

$$\boxed{0.15729} \xleftarrow[\text{배}]{\frac{1}{100}} \boxed{15.729} \xleftarrow[\text{배}]{\frac{1}{100}} \boxed{1572.9}$$

【6~8】 빈칸에 알맞은 수를 쓰시오.

06

56.9의 $\frac{1}{100}$배는 ＿＿＿＿입니다.

07

82.4의 $\frac{1}{100}$배는 ＿＿＿＿입니다.

08

4.3의 $\frac{1}{100}$배는 ＿＿＿＿입니다.

소수를 $\frac{1}{10}$배, $\frac{1}{100}$배한 수

【9~12】 빈칸에 알맞은 수를 쓰시오.

09

3의 $\frac{1}{10}$배는 ＿＿＿＿이고, $\frac{1}{100}$배는 ＿＿＿＿입니다.

10

6의 $\frac{1}{10}$배는 ＿＿＿＿이고, $\frac{1}{100}$배는 ＿＿＿＿입니다.

11

12.4의 $\frac{1}{10}$배는 _____이고,

$\frac{1}{100}$배는 _____입니다.

12

20.5의 $\frac{1}{10}$배는 _____이고,

$\frac{1}{100}$배는 _____입니다.

몇 배인지 알아보기

【13~16】 빈칸에 알맞은 수를 쓰시오.

13

0.8은 8의 $\frac{1}{(\quad)}$배입니다.

14

0.45는 45의 $\frac{1}{(\quad)}$배입니다.

15

0.03은 3의 $\frac{1}{(\quad)}$배입니다.

16

0.604는 604의 $\frac{1}{(\quad)}$배입니다.

【17~20】 빈칸에 알맞은 분수를 쓰시오.

17

0.2는 2의 _____배이고,

0.9는 9의 _____배입니다.

18

0.25는 25의 _____배이고,

0.89는 89의 _____배입니다.

19

0.06은 6의 _____배이고,

0.03은 3의 _____배입니다.

20

0.204는 204의 _____배이고,

0.805는 805의 _____배입니다.

21

빈칸에 알맞은 수를 써넣으시오.

	100배 ↗	10배 ↗	$\frac{1}{10}$ ↘	$\frac{1}{100}$ ↘	
	100	10	1	0.1	0.01
(1)			5		
(2)			0.7		
(3)			3.8		
(4)			5.61		
(5)			27.45		

22

다음 수를 $\frac{1}{10}$배한 수에서 소수 셋째 자리 숫자가 나타내는 수를 구하시오.

> 1이 56개, 0.1이 14개 0.01이 36개인 수

23

59.3를 $\frac{1}{100}$배한 수에서 9가 나타내는 수는 얼마입니까?

24

다음 수의 $\frac{1}{100}$인 수를 찾으시오.

> 1이 54개이고, 0.1이 32개인 수

25

1이 72개, 0.1이 15개, 0.01이 25개인 수는 어떤 수를 $\frac{1}{10}$배한 수입니다. 어떤 수를 구하시오.

개념 **3**	소수에서 숫자 0의 생략

○ 소수점 아래 끝자리 숫자 0은 생략하여 나타낼 수 있습니다. **0.80=0.8**

26

소수에서 생략할 수 있는 숫자를 찾아 /으로 그으시오.

(1) 0.50　　　　　　(2) 0.730

(3) 0.094　　　　　　(4) 5.080

27

소수에서 생략할 수 있는 0을 찾아 /으로 그으시오.

(1) 0.20　　　(2) 0.05　　　(3) 0.240

(4) 10.006　　(5) 5.700　　(6) 12.60

(7) 41.540　　(8) 29.803

28

소수에서 생략할 수 있는 숫자 0을 찾아 ○표 하시오.

0.60　　　　0.280　　　　0.049　　　　5.080

0.075　　　　0.090　　　　0.107　　　　7.070

29

생략할 수 있는 0이 있는 소수를 모두 고르시오.

① 0.088　　　② 3.04　　　③ 49.501

④ 20.043　　　⑤ 5.400　　　⑥ 0.050

30

9.05와 같은 수의 번호를 쓰시오.

① 9.5　　　② 9.500　　　③ 9.001

④ 9.005　　　⑤ 9.050

31

세 소수에서 생략할 수 있는 숫자 0은 모두 몇 개입니까?

> 10.080　　　30.500　　　100.900

소수의 크기 비교하기

개념 **1** 자연수 부분이 다른 소수

➡ 자연수 부분이 다른 소수는 자연수끼리 비교합니다.

$$5.214 > 4.876$$
$$(5 > 4이므로 5.214 > 4.876)$$

01

옳지 않은 것의 번호를 쓰시오.

① 4.005 > 3.989   ② 2.583 < 3.019

③ 3.07 > 2.15   ④ 6.368 > 7.271

⑤ 2.583 < 3.019

02

○ 안에 >, <를 알맞게 써넣으시오.

(1) 1 ○ 0.9

(2) 0.8 ○ 1.2

개념 **2** 소수 첫째 자리 숫자가 다른 소수

➡ 자연수 부분이 같은 소수는 소수 첫째 자리 숫자를 비교합니다.

$$7.463 < 7.615$$
$$(4 < 6이므로 7.463 < 7.615)$$

03

옳은 것의 번호를 모두 쓰시오.

① 1.64 < 1.182   ② 3.06 > 3.128

③ 3.510 < 3.51   ④ 0.53 > 0.39

⑤ 0.76 > 0.69

04

○ 안에 >, <를 알맞게 써넣으시오.

(1) 9.47 ○ 9.74

(2) 5.67 ○ 5.48

(3) 0.52 ○ 0.126

(4) 0.21 ○ 0.35

개념 **3** 소수 둘째 자리 숫자가 다른 소수

➡ 자연수 부분과 소수 첫째 자리가 각각 같은 소수는 소수 둘째 자리 숫자를 비교합니다.

$$0.236 < 0.245$$
$$(3 < 4이므로 0.236 < 0.245)$$

05

옳지 않은 것의 번호를 모두 쓰시오.

① 0.257 < 0.261   ② 0.588 < 0.59

③ 5.34 > 5.36   ④ 4.26 > 4.28

⑤ 0.257 < 0.261

06

○ 안에 >, <를 알맞게 써넣으시오.

(1) 8.135 ○ 8.142

(2) 4.934 ○ 4.952

(3) 0.176 ○ 0.182

(4) 0.643 ○ 0.651

07

옳은 것의 번호를 모두 쓰시오.

① 0.36 > 0.4   ② 0.07 < 0.12

③ 0.360 = 0.36   ④ 9.739 < 9.699

⑤ 0.539 > 0.541

| 개념 | **4** | 소수 셋째 자리 숫자가 다른 소수 |

○ 자연수 부분, 소수 첫째 자리, 소수 둘째 자리가 각각 같은 소수는 소수 셋째 자리의 숫자를 비교합니다.

$$0.429 > 0.427$$
$$(9 > 7이므로 0.429 > 0.427)$$

08

옳은 것의 번호를 모두 쓰시오.

① 9.665 > 9.668   ② 0.538 > 0.536

③ 0.837 < 0.83   ④ 0.257 < 0.254

⑤ 3.784 > 3.78

09

○ 안에 >, <를 알맞게 써넣으시오.

(1) 9.786 ○ 9.785

(2) 0.359 ○ 0.357

(3) 0.538 ○ 0.536

(4) 0.394 ○ 0.396

두 소수의 크기 비교

10

효진이와 수연이가 달리기를 하였습니다. 효진이는 0.34 km를 달렸고, 수연이는 0.28 km를 달렸습니다. 누가 더 많이 달렸습니까?

11

정수가 가지고 있는 노란색 테이프의 길이는 0.475 m이고, 빨간색 테이프의 길이는 52.3 cm입니다. 어느 테이프의 길이가 더 깁니까?

12

누가 더 큰 소수를 만들었습니까?

민호	십의 자리 숫자가 7, 일의 자리 숫자가 0, 0.1의 자리 숫자가 5, 0.01의 자리 숫자가 6인 수
경희	십의 자리 숫자가 7, 일의 자리 숫자가 0, 0.1의 자리 숫자가 2, 0.01의 자리 숫자가 3, 0.001의 자리 숫자가 1인 수

13

누가 더 큰 소수를 만들었습니까?

경식	민수
1이 0 0.1이 4 0.01이 5 0.001이 9 ─ 개인 수	1이 0 0.1이 4 0.01이 6 0.001이 9 ─ 개인 수

【14~15】 두 수의 크기를 비교하여 ○ 안에 >, =, <를 알맞게 써넣으시오.

14

1.43의 100배인 수 ○ 143의 $\frac{1}{10}$배

15

0.05의 10배인 수 ○ 50의 $\frac{1}{100}$배

【16~17】 □에 들어갈 수 있는 수를 찾아 ○표 하시오.

16

8.032 > 8.0□5 ← 0, 1, 2, 3, 4, 5

17

23.□21 > 23.69 ← 4, 5, 6, 7, 8, 9

여러 소수의 크기 비교

【18~21】 작은 수부터 순서대로 쓰시오.

18

0.087   1.807   1.079   1.578

19

0.96   1.68   1.13   1.52   1.47

20

1.15   2.12   0.97   1.02   2.05

21

1.08   3.02   2.04   0.98   2.15

【22~23】 수를 보고, 물음에 답하시오.

6.205	0.96	4.205	4.05
9.6	0.906	6.25	4.250

22

1보다 작은 수를 모두 찾아 쓰시오.

23

큰 수부터 차례로 쓰시오.

【24~25】 큰 수부터 차례로 쓰시오.

24

2.01   1.96   1.72   2.15   2.24

25

2.05   1.93   2.14   1.87   2.09

여러 가지 문제

26

일의 자리 숫자가 2이고, 소수 셋째 자리 숫자가 3인 수보다 큰 수 중에서, 2.01보다 작은 소수 세 자리 수를 모두 써 보시오.

27

일의 자리의 숫자가 5이고, 소수 셋째 자리 숫자가 6인 수보다 큰 수 중에서 5.01보다 작은 소수 세 자리 수를 모두 구하시오.

28

사슴, 토끼, 호랑이가 달리기 시합을 하였습니다. 현재 사슴은 490 m, 토끼는 482 m 달리고 있습니다. 호랑이는 현재 2위입니다. 호랑이가 달린 거리를 km로 나타내었을 때, 가능한 모든 수를 소수 세 자리 수로 나타내시오.

29

어느 마라톤 대회에서 달리는 선수들을 위해 음료수 대를 설치하려고 합니다. 준비위원회에서는 반환점으로부터 0.14 km인 구간부터 0.16 km인 구간까지를 똑같이 4구간으로 나누어 음료수를 놓을 수 있는 책상을 두려고 합니다. 넷째 번 음료수 대의 위치는 출발선에서 얼마쯤 되는지 소수로 나타내시오.

중단원 평가 문제(1)

소수 사이의 관계 알아보기 (1)~
소수의 크기 비교하기

01
50.9의 100배는 (   )이고,
$\frac{1}{100}$ 은 (   )입니다.

02
7.5는 0.075의 (   )배이고,
0.74는 74의 $\frac{1}{(\quad)}$ 입니다.

03
(   )의 $\frac{1}{10}$ 은 0.59이고,
(   )의 1000배는 37입니다.

04

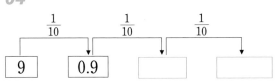

05
생략할 수 있는 0이 있는 소수를 모두 찾
으시오. _____
3.097   5.80   1.308   0.090
7.420   0.003   20.05   1.70

06
볼펜 한 자루의 무게는 14 g입니다.
볼펜 10자루의 무게는 몇 kg입니까?

_____

07
78.5의 $\frac{1}{100}$ 인 수에서 소수 둘째 자리의
숫자는 무엇입니까?

08
1이 7, 0.1이 4, 0.001이 9인 수의 100배인
수는 얼마입니까? _____

09
7.352보다 0.3 큰 수는 (   )이고,
0.05 작은 수는 (   )입니다.

10
10.5보다 0.01 큰 수는 (   )이고,
0.01 작은 수는 (   )입니다.

【11~15】 수의 크기를 비교하여 ● 안에 <,
   =, >를 알맞게 쓰시오.

11
5.274 ● 5.098

12
9.246 ● 9.244

13
0.619 ● 0.618

14
9.881 ● $9\frac{890}{1000}$

15
3.814 ● $\frac{3084}{1000}$

16
0.42보다 큰 수를 모두 쓰시오.

0.5   0.339   0.41   0.424
0.419   1   0.05   0.416

17

큰 수부터 차례로 번호를 쓰시오.

① 1.085   ② 1.042   ③ 1.044

④ 1.059   ⑤ 1.061

18

가장 큰 수의 소수 둘째 자리의 숫자는 얼마를 나타냅니까?

2.31   2.74   2.38   2.75

19

작은 수부터 차례로 번호를 쓰시오.

① 9.901   ② 9.3   ③ 9.298

④ 9.712   ⑤ 9.4

20

길이가 긴 것부터 차례로 번호를 쓰시오.

① 0.72 km   ② 0.09 km

③ 72 m   ④ 800.9 cm

21

● 안에 <, >를 알맞게 써넣으시오.

7145의 $\frac{1}{1000}$ ● 7.09

22

두 수 ㉮, ㉯의 크기를 비교하여 부등호로 나타내시오.

㉮ ⇒ 9보다 0.04 작은 수

㉯ ⇒ 0.01이 895인 수

23

가장 큰 수를 찾으시오.

① 7.06의 10배인 수   ② 7.6의 10배인 수

③ 0.706의 100배인 수   ④ 76의 $\frac{1}{100}$ 인 수

⑤ 76의 $\frac{1}{10}$ 인 수

[24~25] 빈칸에 알맞은 수를 쓰시오.

24

$5.632 \longrightarrow (\quad\quad) \longrightarrow 5.652$
$\longrightarrow (\quad\quad) \longrightarrow (\quad\quad)$

25

$(\quad\quad) \longrightarrow 5.98 \longrightarrow 6.48$
$\longrightarrow 6.98 \longrightarrow (\quad\quad)$

26

일의 자리 숫자가 7, 소수 첫째 자리 숫자가 4, 소수 둘째 자리 숫자가 8인 수의 100배는 얼마입니까?

27

7.996보다 크고 8보다 작은 소수 세 자리 수를 모두 쓰시오.

28

2.6과 2.9 사이에 있는 수를 모두 찾으시오.

① 2.895   ② 2.901

③ 2.75   ④ 2.58

⑤ 2.603

29

일의 자리 숫자가 7이고, 소수 셋째 자리 숫자가 2인 수보다 큰 수 중에서 7.01보다 작은 소수 세 자리 수는 모두 몇 개입니까?

30

어느 건물의 한 층 높이는 3 m입니다. 태훈이가 45층에서 엘리베이터를 타고 22층에서 내렸습니다. 태훈이가 이동한 거리는 몇 km입니까?

중단원 평가 문제(2)

소수 사이의 관계 알아보기 ⑴∼
소수의 크기 비교하기

01

4.8은 0.048의 (   )배이고,

0.357은 357의 $\dfrac{1}{(\quad)}$ 입니다.

02

(   )의 100배인 수는 20.7이고,

(   )는 72의 $\dfrac{1}{1000}$ 입니다.

03

75.4의 $\dfrac{1}{100}$ 인 수에서 소수 둘째 자리 숫

자는 (   ), 소수 셋째 자리 숫자는

(   ) 입니다.

04

1이 30이고, 0.1이 54인 수의 $\dfrac{1}{10}$ 은 얼마

입니까?

05

옳은 것을 모두 찾으시오.

① 0.12의 10배는 1.2입니다.

② 0.02의 100배는 2입니다.

③ 0.06의 $\dfrac{1}{10}$ 은 0.6입니다.

④ 7의 $\dfrac{1}{100}$ 은 0.07입니다.

⑤ 3의 $\dfrac{1}{1000}$ 은 0.003입니다.

06

76.852에서 8이 나타내는 수는 35.278에서
8이 나타내는 수의 몇 배입니까?

07

38.9의 $\dfrac{1}{100}$ 보다 0.03이 더 작은 수를 쓰
시오.

08

십의 자리 숫자가 8, 일의 자리 숫자가 5,
0.1의 자리 숫자가 6, 0.01의 자리 숫자가
9인 수보다 0.01 큰 수를 구하시오.

09

어떤 수의 $\dfrac{1}{10}$ 인 수보다 0.5 큰 수는 2.85

입니다. 어떤 수를 구하시오.

10

㉮, ㉯ 중 어느 것이 더 큽니까?

㉮ 7.4의 $\dfrac{1}{10}$ 보다 0.01 큰 수

㉯ 0.074의 10배보다 0.1 큰 수

11

소수 둘째 자리 숫자가 9인 수 중에서
0.599보다 크고, 0.698보다 작은 소수 세
자리 수는 모두 몇 개입니까?

12

수직선에서 가장 왼쪽에 있는 수는 어느
것입니까?

① 0.945   ② 0.928   ③ 0.955

④ 0.957   ⑤ 0.962

13

가장 큰 수의 소수 둘째 자리 숫자는 얼마
입니까?

7.529   7.909   7.509   7.196   7.418

[14~15] 큰 수부터 차례로 쓰시오.

14

$3.125 \quad 4\frac{10}{100} \quad 4.015 \quad 3\frac{9}{10} \quad 4.02$

15

$57.075 \quad 57\frac{1}{10} \quad 57.08 \quad 57\frac{69}{100} \quad 57.063$

16

큰 수부터 차례로 번호를 쓰시오.

① 6.02의 10배   ② 0.62의 1000배

③ 620의 $\frac{1}{100}$ ④ 60.2의 $\frac{1}{10}$

⑤ 6.02의 100배

[17~19] 빈칸에 들어갈 수 있는 숫자를 모두 쓰시오.

17

$0.94 > 0.9\boxed{}3$

18

$6.2\boxed{}4 > 6.263$

19

$13.079 < 13.0\boxed{}8$

20

$\frac{1}{10}$이 35, $\frac{1}{100}$이 6, $\frac{1}{1000}$이 5200인 수를 소수로 나타내고, 8.765와 크기를 비교하시오.

21

$\boxed{2}$, $\boxed{4}$, $\boxed{8}$, $\boxed{9}$의 숫자 카드 4장을 한 번씩만 사용하여 8에 가장 가까운 소수 세 자리 수를 만드시오.

22

5장의 숫자 카드를 한 번씩 모두 사용하여 소수 세 자리 수를 만들 때, 셋째 번으로 작은 수를 만드시오.

$\boxed{0} \quad \boxed{2} \quad \boxed{5} \quad \boxed{7} \quad \boxed{8}$

23

무게가 똑같은 사과 10개의 무게를 저울로 재어 보았더니 4 kg 90 g이었습니다. 사과 한 개의 무게는 몇 kg입니까?

24

떨어뜨린 높이의 $\frac{1}{10}$만큼씩 튀어오르는 공이 있습니다. 이 공을 50m 높이에서 떨어뜨렸습니다. 셋째 번으로 튀어올랐을 때의 공의 높이는 몇 m입니까?

25

태희는 4.083 m의 색 테이프를 가지고 있고, 수철이는 $4\frac{83}{100}$ m의 색 테이프를 가지고 있습니다. 누가 더 많이 가지고 있겠습니까?

➡ 더 높은 수준의 실력을 원하는 학생은 이 책 129쪽에 있는 고난도 문제에 도전하세요.

7단원 마무리하기(1) · · · · · ➜ 7. 소수

01

74.835에서 십의 자리 숫자는 (　　　　　)
이고, 5가 나타내는 수는 (　　　　)입니다.

02

다음을 소수로 쓰시오.

칠백오점 이영팔 ⇒ _____

03

빈칸에 알맞은 소수를 쓰시오.

04

십의 자리 숫자가 9, 일의 자리 숫자가 7,
0.1의 자리 숫자가 0, 0.01의 자리 숫자가
5, 0.001의 자리 숫자가 6인 수를 쓰시오.

_____

05

10이 8, 1이 3, 0.1이 14, 0.01이 7, 0.001
이 9인 소수는 [　　　　　] 입니다.

06

0.01이 760인 수를 소수로 나타내시오.

_____

07

1 m에 가장 가까운 것을 찾으시오.

① 0.94 m　　② 98 cm

③ 920 mm　　④ 95 cm

⑤ 0.009 km

08

옳은 것을 찾으시오.

① 370 cm=0.37 m

② 630 m=6.3 km

③ 2.6 kg=260 g

④ 650 g=0.65 kg

⑤ 540 m=5.4 km

09

어느 전깃줄의 길이가 2 km 309 m 56 cm
라고 합니다. 이 전깃줄의 길이를 m 단위
로 나타내시오.

_____

10

빈칸에 알맞은 소수를 쓰시오.

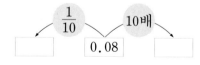

11

빈칸에 알맞은 수를 쓰시오.

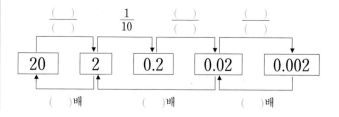

- 99 -

12

50.9의 100배는 □이고,

$\frac{1}{100}$은 □입니다.

13

0.84는 84의 $\frac{1}{(\quad)}$이고,

30은 0.3의 (　　)배입니다.

14

(　　)의 $\frac{1}{100}$은 0.005입니다.

15

192.8의 $\frac{1}{100}$인 수에서 소수 둘째 자리 숫자는 무엇입니까? _____

16

생략할 수 있는 0이 있는 수를 모두 고르시오. _____

① 0.379　　　② 2.047

③ 10.789　　④ 3.940

⑤ 72.100　　⑥ 5.60

17

479.6의 $\frac{1}{100}$인 수에서 소수 첫째 자리 숫자는 (　　)이고, 소수 셋째 자리 숫자는 (　　)입니다.

【18~21】 ● 안에 >, =, <를 알맞게 써넣으시오.

18

52.01의 $\frac{1}{10}$ ● $5\frac{201}{1000}$

19

㉮ 72.8의 $\frac{1}{100}$

㉯ 0.793보다 0.02 작은 수

㉮ ● ㉯

20

㉮ 100이 5.7인 수

㉯ 5700의 $\frac{1}{10}$

㉮ ● ㉯

21

㉮ 0.84보다 0.02 작은 수

㉯ 0.68보다 0.2 큰 수

㉮ ● ㉯

22

수직선에서 ㉮가 가리키는 수보다 0.006 큰 수를 쓰시오. _____

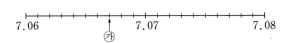

23

0.99보다 0.01 큰 수는 (　　　　)입니다.

24

빈칸에 알맞은 수를 쓰시오.

(　　) $\xleftarrow[\text{작은 수}]{0.01}$ 8.359 $\xrightarrow[\text{큰 수}]{0.001}$ (　　)

25

길이가 긴 것부터 차례로 번호를 쓰시오.

① 9.14 m

② 974 cm

③ 0.906 km

④ $\frac{89}{1000}$ km

26

가장 큰 수를 찾으시오.

① 8.03의 10배인 수

② 8.3의 100배인 수

③ 0.803의 1000배인 수

④ 8030의 $\frac{1}{100}$인 수

⑤ 830의 $\frac{1}{10}$인 수

27

큰 수부터 차례로 번호를 쓰시오.

① 2.975

② 3.04

③ 3.015

④ 3.082

28

다음 중 가장 큰 소수의 0.01자리 숫자를 쓰시오.

| 8.306 | 8.721 | 8.024 |
| 8.097 | 8.489 | 8.591 |

29

0.97보다 크고 1보다 작은 소수 두 자리 수를 모두 쓰시오.

【30~31】 뛰어 세기를 하시오.

30

4.748 ⟶ 4.848 ⟶ ( )
⟶ ( ) ⟶ 5.148

31

5.2 ⟶ ( ) ⟶ 5.28
⟶ ( ) ⟶ ( ) ⟶ 5.4

32

다음 숫자 카드를 한 번씩 이용하여 소수 세 자리 수를 만들 때, 가장 큰 소수는 무엇입니까?

| 5 | 4 | 8 | 9 |

33

⓪, ①, ②, ⑥ 네 장의 숫자 카드를 한 번씩 이용하여 만들 수 있는 1보다 작은 소수 세 자리 수 중에서 가장 큰 소수를 구하시오.

34

민국이네 집에서 태희네 집까지의 거리는 1 km 17 m이고, 태희네 집에서 도서관까지의 거리는 2 km 35 m입니다. 민국이네 집에서부터 태희네 집을 거쳐 도서관까지 가는 거리는 몇 km입니까?

35

태욱이는 17.5 m의 끈을 가지고 있고, 혜미는 태욱이의 $\frac{1}{10}$을 가지고 있습니다. 혜미가 가지고 있는 끈의 길이는 몇 m입니까?

36

인철이네 집에서 각 건물까지의 거리를 나타낸 것입니다. 가까운 건물부터 쓰시오.

학교(1156 m)   우체국(1.023 km)

은행$\left(1\frac{136}{1000}\text{ km}\right)$

7단원 마무리하기(2) ...... ➜ 7. 소수

01

옳은 것을 모두 찾으시오. _____

① 0.05는 0.01이 5인 수입니다.

② 0.062는 0.001이 62인 수입니다.

③ 9.060은 9.6과 같은 수입니다.

④ 4.032는 $4\frac{32}{1000}$입니다.

⑤ 7.41은 74.1의 $\frac{1}{10}$입니다.

02

0.08과 같은 수를 찾으시오. _____

① 0.001이 8인 수　　② 0.01의 80배인 수

③ 0.001의 80배인 수　④ 0.08의 $\frac{1}{10}$인 수

⑤ $\frac{1}{1000}$이 8인 수

03

9의 $\frac{1}{1000}$은 (　　　)이고,

607은 0.607의 (　　　)배입니다.

04

0.01이 542인 수의 $\frac{1}{10}$은 (　　　)이고,

73.5의 $\frac{1}{100}$인 수에서 소수 셋째 자리 숫자는 (　　　)입니다.

05

0.1이 32, 0.01이 5, 0.001이 49인 수는 (　　　)입니다.

06

다음 수직선에서 ㉠, ㉡에 알맞은 수를 쓰시오. _____

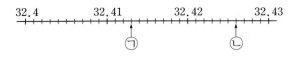

07

[7~8] 빈칸에 알맞은 수를 쓰시오.

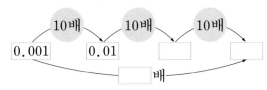

08

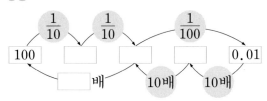

09

75.058에서 7이 나타내는 수는 83.576에서 7이 나타내는 수의 몇 배입니까?

_____

10

㉮에 알맞은 수를 구하시오.

_____

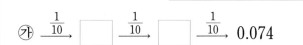

11

㉮, ㉯ 중 큰 수를 찾으시오.

_____

㉮ 3.597보다 0.01 큰 수

㉯ 3.605보다 0.005 큰 수

12

0.8보다 크고 0.815보다 작은 소수 세 자리 수는 모두 몇 개입니까?

_____

13

관계 있는 것끼리 짝지으시오.

① 7.4보다 0.1 큰 수 _____

② 7.3보다 0.02 작은 수 _____

③ 7.5보다 0.05 작은 수 _____

④ 7.3보다 0.05 큰 수 _____

14

다음 중 가장 큰 수는 어느 것입니까?

① 9.02의 10배인 수   ② 9.2의 100배인 수

③ 0.902의 1000배인 수   ④ 9200의 $\frac{1}{100}$인 수

⑤ 9002의 $\frac{1}{10}$인 수

15

0.95보다 크고 0.999보다 작은 소수 세 자리 수는 몇 개입니까? _____

16

어떤 수보다 0.7 작은 수가 5.184일 때, 어떤 수보다 0.009 큰 수를 쓰시오.

17

일의 자리 숫자가 9, 소수 첫째 자리 숫자가 0, 소수 둘째 자리 숫자가 17인 소수 두 자리 수보다 0.06 큰 수는 얼마입니까?

【18~20】 빈칸에 알맞은 숫자를 모두 쓰시오.

18

3.☐65 > 3.57

19

8.☐6 < 8.52 _____

20

76.658 < 76.6☐8 _____

21

4, 3, 5, 9로 만들 수 있는 수 중 5에 가장 가까운 소수 세 자리 수를 쓰시오. _____

22

0, 4, 6, 8을 한 번씩만 써서 가장 큰 소수와 가장 작은 소수를 만드시오.
(단, 소수의 끝자리에는 0이 오지 않음)

_____

23

철수는 매일 아침 형과 함께 공원에 가서 오래달리기를 합니다. 공원을 한 바퀴 돌면 120 m라고 합니다. 오늘은 공원을 9바퀴 돌았습니다. 철수가 오늘 아침 달리기를 한 거리는 몇 km인지 소수로 나타내시오. _____

24

민아의 한 걸음의 길이는 0.55 m입니다. 집에서 학교까지 1400 걸음을 걸었다면 집에서 학교까지의 거리는 몇 km입니까?

_____

25

가로수를 심으려고 합니다. 0.21 km 지점에서부터 0.23 km 지점까지 똑같이 5칸으로 나누어 나무를 심는다면 셋째 번 지점에 심는 나무의 위치는 얼마쯤 되는지 소수로 나타내시오.

한 오라기의 실

오래전에 시작된 대형 빌딩 위의 간판 작업이 거의 마무리 되어가자 그곳에서 일하던 사람들은 설치되어 있던 보조 작업대를 철거하기 시작했습니다. 거의 모든 사람들이 내려오고 마지막으로 한 사람이 내려오려고 하는데, 앞의 사람들이 모르고 밧줄을 남겨 두지 않은 채 다 가지고 내려간 사실을 발견했습니다. 사람들이 개미처럼 내려다 보일 정도로 높은 곳에 서 있던 마지막 남은 그 남자는 두려움에 떨고만 있었습니다. 사람들이 밧줄을 던져 봤지만 그의 손에 닿기는 역부족이었습니다. 그때 소식을 듣고 달려온 그의 친구가 소리쳤습니다.

"자네 양말을 벗어 첫 실오라기를 풀어 보게."

그는 친구가 하라는 대로 실행했습니다.

"그리고는 그 실오라기를 밑으로 계속 내려보내게."

주위의 사람들은 도대체 무엇을 하려고 그러는지 의아했습니다.

실이 거의 땅에 내려오자 그의 친구는 실오라기에다 튼튼한 맛줄을 이어 묶고 그 사람에게 끌어올리라고 소리쳤습니다. 그것을 끌어올리자 튼튼한 밧줄은 따라 올라갔고 그는 밧줄을 손에 넣었습니다. 밧줄로 작업대에 설치된 쇠에 묶고 마침내 무사히 내려올 수 있게 되었습니다. 아무도 생각하지 못한 보잘것 없는 한 오라기의 실로 인해 그는 다시 살 수 있었던 것입니다.

- 3학년까지 학습한 규칙 찾기를 바탕으로 물체가 규칙적으로 배열되어 있는 것을 보고 규칙을 찾아 수로 나타낼 수 있도록 학습합니다.
- 물체를 어떻게 놓아야 하는지 활동을 통하여 다양한 변화 규칙을 수로 나타내고 설명할 수 있도록 합니다.
- 규칙 찾기 놀이를 통하여 규칙을 추측하고 말이나 글로 표현하는 활동을 통하여 규칙성을 표현하는 능력을 기릅니다.
- 기본 무늬를 규칙적으로 밀기, 뒤집기, 돌리기 등의 방법으로 새로운 무늬를 만들고 새로운 무늬를 만든 방법을 설명함으로써 규칙이 적용된 우리 주변의 생활에 대하여도 알도록 합니다.

8 단원 학습 목표

① 규칙을 찾아 수로 나타낼 수 있다.
② 규칙을 찾아 말이나 글로 나타낼 수 있다.
③ 주어진 무늬를 사용하여 밀기, 뒤집기, 돌리기 방법으로 새로운 무늬를 만들 수 있다.
④ 밀기, 뒤집기, 돌리기 방법으로 만든 무늬의 규칙을 찾아 설명할 수 있다.

규칙 찾기

1+2+3+4+ … 꼴

【1~2】 바둑돌의 배열을 보고, 수로 나타내어 보시오.

01

6째 번에는 몇 개의 바둑돌을 놓아야 합니까?

02

9째 번에는 몇 개의 바둑돌을 놓아야 합니까?

03

100원짜리 동전을 그림과 같은 방법으로 늘어놓으려고 합니다. 맨 아래의 동전이 10개이면, 늘어놓은 동전은 모두 얼마입니까?

04

다음과 같이 바둑돌을 늘어놓을 때 8째 번에는 몇 개의 바둑돌을 놓아야 합니까?

05

그림과 같이 바둑돌을 늘어놓을 때, 10째 번에 놓인 바둑돌의 개수는 몇 개입니까?

2×■, 3×■, 4×■ 꼴

06

그림과 같이 바둑돌을 늘어놓을 때, 10째 번에 늘어놓을 바둑돌은 모두 몇 개입니까?

【7~8】 바둑돌 배열을 보고 수로 나타내시오.

07

10째 번에는 몇 개의 바둑돌을 놓아야 합니까?

08

20째 번에는 몇 개의 바둑돌을 놓아야 합니까?

09

그림과 같이 구슬을 놓을 때, 15째 번에 놓일 구슬의 개수를 구하시오.

【10~11】 바둑돌 배열을 보고 수로 나타내시오.

10

10째 번에는 몇 개의 바둑돌을 놓아야 합니까?

11

20째 번에는 몇 개의 바둑돌을 놓아야 합니까?

■×■ 꼴

【12~13】 바둑돌 배열을 수로 나타내어 보시오.

12

6째 번에는 몇 개의 바둑돌을 놓아야 합니까?

13

맨 밑줄에 놓인 바둑돌이 10개이면 바둑돌의 개수는 모두 몇 개입니까?

14

그림과 같이 구슬을 놓을 때, 9째 번에 놓일 구슬의 개수를 구하시오.

$2 \times \blacksquare + \blacktriangle$, $2 \times \blacksquare - \blacktriangle$ 꼴

15

그림과 같이 바둑돌을 늘어놓을 때, 8째 번에 놓일 바둑돌은 몇 개입니까?

16

그림과 같이 구슬을 늘어놓을 때, 10째 번에 놓일 구슬은 몇 개입니까?

17

성냥개비로 정삼각형을 만들었습니다. 정삼각형을 11개 만드는 데 필요한 성냥개비는 몇 개입니까?

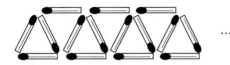

18

그림과 같이 바둑돌을 늘어놓을 때, 12째 번에 놓이는 바둑돌의 개수를 구하시오.

19

그림과 같이 공깃돌을 늘어놓을 때, 20째 번에 늘어놓을 공깃돌은 몇 개입니까?

3×■＋1 꼴

20

그림과 같이 바둑돌을 늘어놓을 때, 10째 번에는 몇 개의 바둑돌을 놓아야 합니까?

21

그림과 같이 바둑돌을 놓을 때, 20째 번에 놓이는 바둑돌은 몇 개입니까?

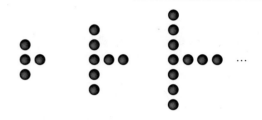

22

그림과 같이 성냥개비로 정사각형을 만들었습니다. 정사각형을 30개 만드는 데 필요한 성냥개비는 몇 개입니까?

3×■－▲ 꼴

23

그림과 같이 바둑돌을 늘어놓을 때, 10째 번에는 몇 개의 바둑돌을 놓아야 합니까?

24

규칙대로 놓은 공깃돌을 보고 7째 번과 8째 번에 놓일 공깃돌의 수를 나타내어 보시오.

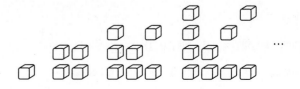

25

그림과 같이 성냥개비로 정삼각형을 만들어 늘어놓았습니다. 10째 번에는 몇 개의 정삼각형이 있습니까?

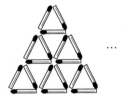

26

규칙대로 놓은 방울토마토를 보고 8째 번에 놓일 방울토마토의 수를 구하시오.

27

그림과 같은 규칙으로 구슬을 늘어놓으려고 합니다. 맨 밑에 13개의 구슬을 놓으려면, 구슬은 모두 몇 개가 필요합니까?

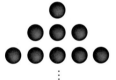

여러 가지 문제

28

그림과 같이 구슬을 놓을 때, 10째 번에는 몇 개의 구슬을 놓아야 합니까?

29

그림과 같이 바둑돌을 놓을 때, 물음에 답하시오.

(1) 15째 번에 있는 바둑돌의 색을 쓰시오.

(2) 25째 번에 있는 바둑돌의 색을 쓰시오.

(3) 98째 번에 있는 바둑돌의 색을 쓰시오.

30

검은색 바둑돌과 흰색 바둑돌을 그림과 같이 늘어놓는다면, 36째 번에는 어느 색 바둑돌이 놓이겠습니까?

31

그림과 같이 바둑돌을 규칙적으로 놓을 때, 74째 번에 놓일 바둑돌은 어떤 색입니까?

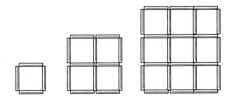

32

수수깡으로 정사각형 모양을 계속해서 만들려고 합니다. 수수깡이 몇 개 필요합니까?

(1) 4째 번   (2) 10째 번

쌓기나무

【1~2】 그림과 같이 쌓기나무를 쌓을 때, 쌓기나무의 개수를 구하시오.

01
6층까지 쌓으려면 쌓기나무는 모두 몇 개 필요합니까?

_____

02
9층까지 쌓으려면 쌓기나무는 모두 몇 개 필요합니까?

_____

【3~4】 그림과 같이 쌓기나무를 쌓을 때, 쌓기나무의 개수를 구하시오.

03
5층까지 쌓으려면 쌓기나무는 모두 몇 개 필요합니까?

_____

04
7층까지 쌓으려면 쌓기나무는 모두 몇 개 필요합니까?

_____

05
그림과 같이 쌓기나무를 8층으로 쌓으려면, 쌓기나무는 모두 몇 개 필요합니까?

_____

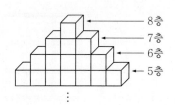

06
그림과 같이 쌓기나무를 쌓으려고 합니다. 10째 번에는 쌓기나무가 몇 개 필요합니까?

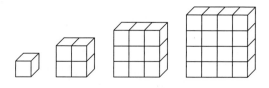

【7~8】 그림과 같이 쌓기나무를 쌓았습니다. 쌓기나무는 모두 몇 개입니까?

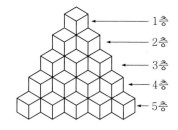

07
3층까지 쌓으려면 쌓기나무는 모두 몇 개 필요합니까?

_____

08
5층까지 쌓으려면 쌓기나무는 모두 몇 개 필요합니까?

_____

09
그림과 같은 방법으로 쌓기나무를 쌓으려고 합니다. 6층까지 쌓으려면 쌓기나무는 모두 몇 개가 필요합니까?

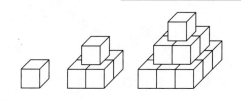

【10~14】 그림과 같이 쌓기나무를 쌓았습니다. 쌓기나무의 개수를 구하시오.

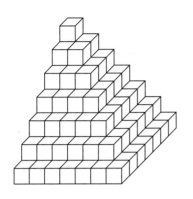

10

쌓기나무를 3층까지 쌓으려면 쌓기나무는 모두 몇 개 필요합니까?

11

쌓기나무를 4층으로 쌓으면 쌓기나무는 몇 개 필요합니까?

12

쌓기나무를 5층으로 쌓으면 쌓기나무는 몇 개 필요합니까?

13

쌓기나무를 7층까지 쌓으려면 쌓기나무는 모두 몇 개가 필요합니까?

14

쌓기나무를 8층까지 쌓으려면 쌓기나무는 모두 몇 개가 필요합니까?

수의 규칙 찾기

【15~16】 미나와 민수가 규칙 알아맞히기 놀이를 하고 있습니다. 민수의 규칙은 무엇인지 알아보시오.

15

미나가 1이라고 하면 민수는 4라고 답하고, 미나가 3이라고 하면 민수는 6이라고 답합니다. 또 미나가 7이라고 하면 민수는 10이라고 답합니다. 민수의 규칙은 무엇입니까?

16

민수가 18이라고 답했다면, 미나는 어떤 수를 말하였습니까?

17

민구와 수진이가 규칙 알아맞히기 놀이를 하고 있습니다. 민구가 1이라고 하면 수진이는 3이라고 답하고 민구가 2라고 하면 수진이는 6이라고 답합니다. 또 민구가 5라고 하면 수진이는 15라고 답합니다. 수진이의 규칙은 무엇입니까?

【18~19】 민규가 2라고 하면 송희는 9라고 답하고, 민규가 5라고 하면 송희는 12라고 답합니다. 또, 민규가 7이라고 하면 송희는 14라고 답합니다.

18

민규가 19라고 하면 송희는
(이)라고 답합니다.

19

송희가 24라고 답했다면, 민규는 어떤 수를 말하였습니까?

새로운 무늬만들기(1)

개념 **1** 밀기

○ 도형을 위, 아래, 오른쪽, 왼쪽으로 밀기를 하면 모양은 변하지 않고, 위치만 변합니다.

【1~6】 왼쪽 그림과 같은 모양을 밀기를 이용하여 이어 붙여서 모양을 만드시오.

01

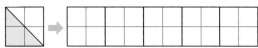

02

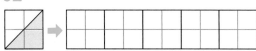

03

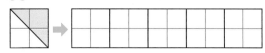

04

05

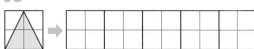

06

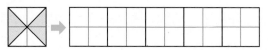

07

오른쪽 모양을 밀기를 이용하여 이어 붙여서 무늬를 만드시오.

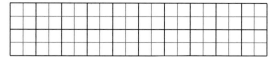

08

오른쪽 모양을 밀기를 이용하여 이어 붙여서 무늬를 만드시오.

09

오른쪽 모양을 밀기를 이용하여 이어 붙여서 무늬를 만드시오.

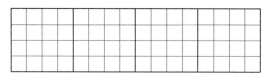

10

오른쪽 모양을 밀기를 이용하여 이어 붙여서 무늬를 만드시오.

11

다음 무늬는 어떤 모양을 밀기를 이용하여 이어 붙인 무늬인지 오른쪽에 그려 보시오.

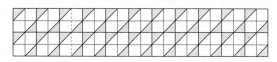

○ 도형뒤집기에서 도형을 위, 아래로 뒤집으면 위와 아래가 바뀌고, 왼쪽, 오른쪽으로 뒤집으면 왼쪽과 오른쪽이 서로 바뀝니다.

12

오른쪽 도형을 위, 아래, 오른쪽, 왼쪽으로 뒤집었을 때의 모양을 그리시오.

〈위〉 〈아래〉 〈왼쪽〉〈오른쪽〉

13

오른쪽 도형을 뒤집어 가며 이어 붙여서 무늬를 만드시오.

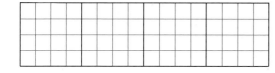

14

오른쪽 도형을 뒤집어 가며 이어 붙여서 무늬를 만드시오.

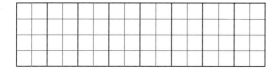

15

오른쪽 도형을 뒤집어 가며 이어 붙여서 무늬를 만드시오.

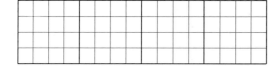

16

그림과 같은 모양을 뒤집어 가며 이어 붙여서 여러 가지 무늬를 만들어 보시오.

17

그림과 같은 모양을 뒤집어 가며 이어 붙여서 무늬를 만드시오.

18

그림과 같은 모양을 뒤집어 가며 이어 붙여서 무늬를 만드시오.

19

다음 무늬는 어떤 모양을 뒤집어 가며 이어 붙여서 무늬를 만든 것인지 오른쪽에 그려 보시오.

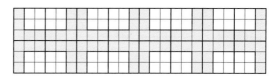

20

다음 무늬는 어떤 모양을 뒤집어 가며 이어 붙여서 무늬를 만든 것인지 오른쪽에 그려 보시오.

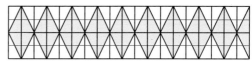

돌리기

【1~2】 오른쪽 모양을 도형돌리기를 이용하여 무늬를 만들려고 합니다. 물음에 답하시오.

01
오른쪽으로 돌릴 때, 각각에 알맞은 모양을 그리시오.

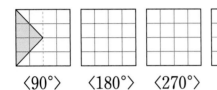

〈90°〉 〈180°〉 〈270°〉 〈360°〉

02
왼쪽으로 돌릴 때, 각각에 알맞은 모양을 그리시오.

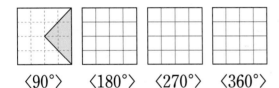

〈90°〉 〈180°〉 〈270°〉 〈360°〉

03
오른쪽으로 돌릴 때, 각각에 알맞은 모양을 그리시오.

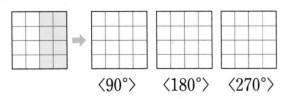

〈90°〉 〈180°〉 〈270°〉

04
그림과 같은 모양을 돌려 가며 이어 붙여서 무늬를 만들어 보시오.

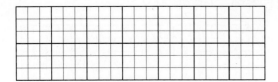

05
그림과 같은 모양을 돌려 가며 이어 붙여서 무늬를 만들어 보시오.

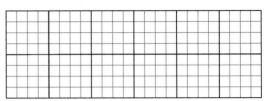

06
다음 무늬는 어떤 모양을 돌려 가며 이어 붙여서 만든 것인지 그려 보시오.

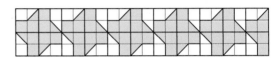

07
다음 무늬는 어떤 모양을 돌려 가며 이어 붙여서 만든 것인지 그려 보시오.

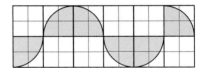

08
다음 무늬는 어떤 모양을 돌려 가며 이어 붙여서 만든 것인지 그려 보시오.

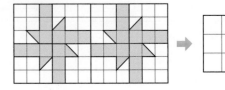

[9~10] 각 무늬는 오른쪽 모양을 어떻게 움직여서 만든 것인지 말하여 보시오.

09

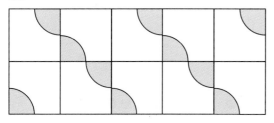

10

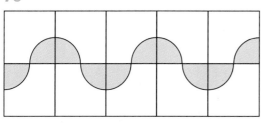

【11~12】 각 무늬는 오른쪽 모양을 어떻게 사용하여 만든 것인지 말하여 보시오.

11

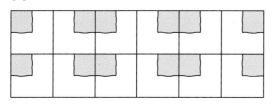

12

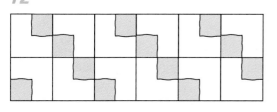

13

다음 무늬는 오른쪽 모양을 어떻게 움직여서 만든 것입니까?

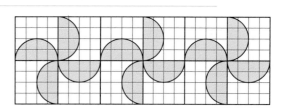

14

다음 무늬는 오른쪽 모양을 어떻게 움직여서 만든 것입니까?

15

오른쪽 모양을 돌리기 하여 나올 수 있는 모양을 모두 찾으시오.

① 　②

③ 　④

16

오른쪽 모양을 움직여서 나올 수 있는 모양을 모두 그려 보시오.

01

쌓기나무를 그림과 같은 방법으로 쌓았습니다. 10층까지 쌓으면 1층의 쌓기나무는 몇 개입니까?

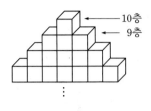

02

그림과 같은 방법으로 쌓기나무를 쌓으려고 합니다. 8층까지 쌓는다면, 쌓기나무는 모두 몇 개가 필요합니까?

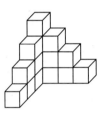

03

다음과 같이 바둑돌을 배열할 때, 일곱째 번에 놓일 바둑돌의 개수를 구하시오.

04

그림과 같이 바둑돌을 배열할 때, 10째 번에는 바둑돌을 몇 개 놓아야 합니까?

05

다음과 같이 바둑돌을 배열할 때, 8째 번 배열에 필요한 바둑돌의 개수를 구하시오.

06

다음 배열에서 15째 번은 무슨 모양입니까?

○ □ △ ○ □ △ …

07

그림과 같이 바둑돌을 배열할 때, 15째 번에는 바둑돌을 몇 개 놓아야 합니까?

08

500원짜리 동전을 그림과 같이 늘어놓았습니다. 10줄이 되게 늘어놓으면 돈은 얼마가 됩니까?

[9~11] 규칙을 찾아 빈칸에 알맞은 수를 쓰시오.

09

12, 16, 20, 24, 28, _____, _____

10

100, 90, 95, 85, 90, _____, _____

11

3, 4, 6, 9, 13, 18, _____, _____

12

밀기 방법을 이용하여 만들 수 있는 무늬를 모두 찾으시오.

①   ②   ③

④   ⑤

13

뒤집기를 하면 모양이 바뀌는 것을 모두 찾으시오.

①   ②   ③

④   ⑤

14

오른쪽 모양을 돌리기하여 만들 수 있는 것을 모두 찾으시오.

① 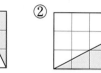 ②   ③

④ ⑤

15

돌리기 방법만 이용하여 만들 수 있는 무늬를 모두 찾으시오.

①   ②   ③

④   ⑤

16

뒤집기 방법만 이용하여 만들 수 있는 무늬를 모두 찾으시오.

①   ②   ③

④   ⑤

01
그림과 같이 쌓기나무를 쌓을 때,
6층까지 쌓으려면 쌓기나무는 몇 개 필요
합니까?

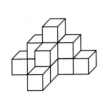 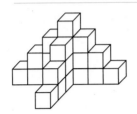

02
그림과 같은 방법으로 동전
을 계속 늘어놓을 때, 맨 아
랫층의 동전의 수가 15개이
면 전체 동전의 수는 몇 개
입니까?

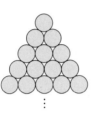

03
다음과 같은 모양으로 색종이를 놓을 때,
여섯 번째는 몇 장의 색종이가 필요합니
까?

  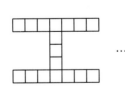

04
그림을 보고 7째 번 그림에는 점이 몇 개
있는지 구하시오.

05
그림과 같이 성냥개비를 늘어놓아 정삼각
형이 15개가 나오도록 만들려고 합니다.
필요한 성냥개비의 개수를 구하시오.

[6~9] 다음과 같이 바둑돌을 놓을 때 물음에 답
하시오.

06
83째 번 바둑돌의 색을 쓰시오.

07
100째 번 바둑돌의 색을 쓰시오.

08
95째 번 바둑돌의 색을 쓰시오.

09
70째 번 바둑돌의 색을 쓰시오.

10

검은 바둑돌과 흰 바둑돌을 일정한 규칙으로 늘어놓았습니다. 12째 번에는 어떤 바둑돌이 몇 개 더 많아집니까?

11

그림과 같이 바둑돌을 규칙적으로 늘어놓았습니다. 맨 아랫줄의 바둑돌의 개수가 12개일 때, 전체 놓인 바둑돌은 어떤 바둑돌이 몇 개 더 많습니까?

12

규칙적으로 늘어놓은 바둑돌의 배열을 보고 10째 번에 놓일 바둑돌의 개수를 구하시오.

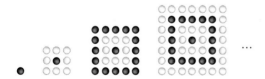

13

그림과 같이 바둑돌을 규칙적으로 늘어놓을 때, 6째 번 모양에는 검은색 바둑돌이 흰색 바둑돌보다 몇 개 더 놓이게 됩니까?

14

다음 무늬는 어떤 모양을 돌려 가며 이어 붙여서 만든 모양입니까?

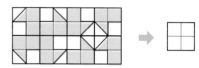

15

그림과 같은 모양 조각을 돌려 가며 무늬를 만들 때 나올 수 있는 무늬를 모두 찾으시오.

①   ②   ③

④   ⑤

16

그림과 같은 모양을 이용하여 여러 가지 무늬를 만들 때, 나머지 셋과 다른 무늬가 되는 방법은 어느 것입니까?

① 밀기   ② 뒤집기

③ 90° 돌리기   ④ 270° 돌리기

17

밀기, 뒤집기, 돌리기를 하여 항상 같은 무늬가 나오는 것을 모두 찾아보시오.

①   ②   ③

④   ⑤

더 높은 수준의 실력을 원하는 학생은 이 책 131 쪽에 있는 고난도 문제에 도전하세요.

최상위권(1%) 학생을 위한

고난도 문제

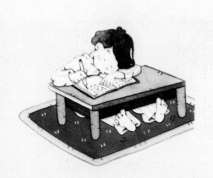

01

두 식의 답을 구하여 그 차를 구하시오.

① $9+32÷8×9-5$

② $9+32÷\{8×(9-5)\}$

02

계산 결과가 답이 큰 것부터 번호를 쓰시오.

① $67+12×5-54÷2$

② $(13+11)×5-17$

③ $\{(7+9)÷4+5\}×10$

④ $\{(25+15)×3-20\}÷10$

⑤ $\{(17+5)×6-(30+56)÷2\}×3$

[3~4] 두 식의 답을 구하여 그 합을 구하시오.

03

① $200+\{(57-6)×8-366\}÷2$

② $200+57-6×8-366÷2$

04

① $24+(7-2)×\{4+(11-7)\}$

② $24+7-2×\{4+(11-7)\}$

[5~8] 다음을 계산하시오.

05

$20+\{(45-23)×3+150÷5\}×2$

06

$17+5×\{16-(7+15÷5)+2\}-25$

07

$80-40÷5-\{30×2÷4-(5-3)×7\}$

08

$91-36÷4-\{10×3÷2-(8-6)×6\}$

09

사과 5개는 6500원, 감 6개는 5700원, 귤 7개는 1050원이라고 합니다. 사과 4개, 감 2개, 귤 3개의 값의 합은 얼마입니까?

(식)

(답)

10

미나네 미술반은 남학생이 13명, 여학생은 남학생의 2배보다 3명 적습니다. 미술반 학생들을 똑같은 수로 6모둠으로 나누었다면 한 모둠은 몇 명씩입니까?

(식)

(답)

11

다혜는 어제 용돈 5000원을 받아 3700원은 저금을 하였고, 오늘은 용돈 2100원을 받아 450원짜리 공책 2권을 샀습니다. 남은 용돈의 절반을 동생에게 주었다면, 동생이 받은 용돈은 얼마입니까?

(식)

(답)

12

인철이네 반은 남학생이 20명이고, 여학생은 이보다 4명이 적다고 합니다. 이 학교 4학년의 학생 수는 인철이네 반 학생 수의 6배보다 5명이 적다고 합니다. 인철이네 학교 4학년 학생은 몇 명입니까?

(식) _____ (답) _____

13

사과 2개의 무게는 640 g, 귤 5개의 무게는 750 g입니다. 사과 5개의 무게와 귤 9개의 무게의 차는 몇 g입니까?

(식) _____ (답) _____

14

재석이는 가게에서 3개에 3600원 하는 사과 5개와 4개에 3800원인 참외 3개를 사고 10000원을 내었습니다. 거스름돈은 얼마입니까?

(식) _____ (답) _____

15

주머니에 구슬이 150개 있습니다. 이 중에서 준석이는 빨간 구슬 13개와 파란 구슬 14개를 꺼내서 가졌습니다. 효석이는 준석이의 2배보다 5개 적은 구슬을 꺼냈습니다. 남은 구슬을 미라와 종택이가 똑같이 나누어 가졌습니다. 미라는 구슬을 몇 개 가지게 됩니까?

_____

16

공책 250권이 있습니다. 중학생 4명에게는 10권씩 나누어 주고, 고등학생 15명에게는 6권씩 나누어 주었습니다. 남은 공책을 초등학생 8명에게 똑같이 나누어 주려고 합니다. 초등학생에게는 몇 권씩 주면 됩니까?

_____

17

우석이는 어제 2000원을, 오늘은 3000원을 예금하였습니다. 정남이는 우석이가 어제와 오늘 예금한 돈의 2배보다 300원을 더 예금하였습니다. 수남이는 정남이의 2배보다 1000원을 덜 예금하였습니다. 수남이의 예금액을 구하시오.

(식) _____ (답) _____

18

연필은 한 다스에 3000원, 공책은 4권에 1800원이고, 지우개 한 개의 값은 연필 한 자루의 값보다 50원이 더 쌉니다. 연필을 5자루, 공책을 6권, 지우개를 2개 사고 5000원을 내었습니다. 얼마를 거슬러 받아야 합니까?

_____

19

무게가 같은 사탕 7봉지를 상자에 넣어 저울에 재어 보니 1300 g이었습니다. 여기에 똑같은 사탕 5봉지를 더 올려 놓으니 2050 g이 되었습니다. 상자의 무게는 몇 g입니까?

_____

20

무게가 똑같은 비누 8개를 상자에 넣고 달아 보니 1260 g이었습니다. 여기에 같은 비누 6개를 더 넣어 달아 보니 2010 g이었습니다. 상자의 무게를 구하시오.

_____

[1~2] 다음을 계산하시오.

01

$(86-54)\div 2\times\{50-(6+7)-5\}\div 8$

02

$320-24\div 6-\{8\times 5\div 4+(9-7)\times 8\}$

03

두 식의 답을 구하여 그 차를 구하시오.

① $150-\{8\times(3+6)\div 6\}+5\times 3$
② $19\times 5-\{20+(50-30)\div 4\}\times 3$

04

등식이 성립하도록 ( )로 묶으시오.
$\{60+24-5\times 4-1\}\div 5=27$

05

등식이 성립하도록 ( )와 { }로 묶으시오.
$76-5+15\div 4+10\times 2=46$

06

빈칸에 알맞은 수를 쓰시오.
$15\times 9-75\div\{(13-6)\times\boxed{}-10\}=132$

07

★과 ▲는 수를 나타냅니다. ☐ 안에 알맞은 수를 쓰시오.

$\boxed{} \xrightarrow{\times 4} ★ \xrightarrow{+8} ▲ \xrightarrow{\div 5} 100$

08

무게가 똑같은 사과 12개를 바구니에 넣어 무게를 재어 보았더니 4050 g이었습니다. 여기에 같은 사과 4개를 더 넣어 무게를 재어 보았더니 5 kg 250 g이었습니다. 바구니만의 무게는 몇 g입니까?

09

연필 21다스가 있습니다. 그 중 42자루를 남겨 두고, 남학생 19명과 여학생 16명에게 똑같이 나누어 주려고 합니다. 한 학생이 받을 수 있는 연필은 몇 자루입니까?

10

상희와 인철이는 종이학을 접었습니다. 상희는 하얀 종이학 27마리, 노란 종이학 23마리를 접었고, 인철이는 상희가 접은 것의 2배보다 17마리를 더 적게 접었습니다. 상희와 인철이가 접은 종이학은 모두 몇 마리입니까?

11

어떤 수를 9로 나눈 다음 30을 더해야 할 것을 잘못해서 9를 곱한 다음 30을 더했더니 840이 되었습니다. 바르게 계산했을 때의 답을 구하시오.

12
아버지의 연세는 해교 나이의 4배보다 5살이 적다고 합니다. 아버지의 연세가 47세이면 해교의 나이는 얼마입니까?

13
인철이는 친구에게 가지고 있던 돈의 절반을 빌려 주고, 한 권에 750원 하는 공책 8권을 샀더니 920원이 남았습니다. 인철이가 처음에 가지고 있던 돈은 얼마입니까?

14
3 kg짜리 밀가루 봉지에서 600 g씩 4번 덜어 내고, 다시 두 컵을 더 넣었더니 밀가루의 무게가 720 g이 되었습니다. 밀가루 한 컵은 몇 g입니까?

15
민기는 900원짜리 공책 3권과 색종이 4묶음을 사고 5000원을 내었더니 300원을 거슬러 주었습니다. 색종이 1묶음의 값은 얼마입니까?

16
한 개에 950원인 참외와 한 개에 1200원하는 사과 3개를 사고, 10000원을 내었더니 700원을 거슬러 주었습니다. 참외는 몇 개 샀습니까?

17
800원짜리 공책 7권과 300원짜리 연필을 사고 13000원을 내었더니 200원을 거슬러 주었습니다. 연필을 몇 자루 샀습니까?

18
한 개에 600원인 빵 2개와 1병에 340원인 음료수 2병, 딸기잼 4병을 사고 5000원을 내었더니 320원을 거슬러 주었습니다. 딸기잼 1병의 값을 구하시오.

19
영철이는 4000원을 가지고 1다스에 3000원 하는 연필 8자루를 샀습니다. 그리고 남은 돈으로 위인전을 사려고 하니 돈이 부족해서 어머니께 돈을 타서 7200원짜리 위인전을 샀습니다. 어머니께서 주신 돈은 얼마입니까?

20
연필 30다스가 있습니다. 이 연필을 남학생 16명에게 9자루씩, 여학생 14명에게 10자루씩 나누어 주었습니다. 그리고 남은 연필은 남학생과 여학생 모두에게 3자루씩 더 나누어 주려고 했더니 연필이 모자랐습니다. 연필은 몇 다스 더 있어야 합니까?

01

어떤 진분수의 분자는 4이고, 분모는 2로 나누면 나머지가 1인 자연수입니다. 어떤 진분수를 큰 것부터 차례로 5개 쓰시오.

02

분모가 10인 두 진분수가 있습니다. 두 진분수의 분자의 합은 10이고, 분자의 차는 4입니다. 두 진분수를 구하시오.

03

분모와 분자의 합이 35이고, 분자가 분모의 6배인 가분수를 구하시오.

04

다음 세 가지 조건을 모두 만족하는 분수를 모두 구하시오.

① 4보다 크고 6보다 작은 분수입니다.
② 분모가 6인 가분수입니다.
③ 분자를 분모로 나누면 나머지가 3이거나 4입니다.

05

분모가 7이고 분자가 40보다 작은 분수 중 자연수로 나타낼 수 있는 분수를 모두 쓰고, 그 자연수들의 합을 구하시오.

06

숫자 카드 4장 중 3장을 사용하여 만들 수 있는 대분수는 몇 개입니까?

2 4 5 7

07

5장의 숫자 카드 중에서 3장을 골라 분모가 9인 대분수를 만들려고 합니다. 만들 수 있는 대분수 중에서 가장 큰 대분수를 쓰시오.

5 3 7 1 9

08

분수의 개수가 적은 것부터 차례대로 번호를 쓰시오.

① 분자가 6인 가분수
② 분모가 6인 진분수
③ 자연수가 2이고 분자가 5인 대분수

09

다음을 모두 만족하는 가장 큰 대분수를 구하시오.

① 6과 7 사이의 분수입니다.

② 분모는 9보다 크고 15보다 작습니다.

③ 분자는 5보다 작습니다.

④ 가분수로 고쳤을 때 분자는 8의 배수입니다.

10

자연수 ㉠, ㉡이 다음 조건을 만족할 때, ㉡이 될 수 있는 수를 모두 구하시오.

· ㉠$\frac{7}{8}=\frac{㉡}{8}$　　　· 3<㉠<6

11

2에서 9까지의 숫자 카드 중에서 2장을 뽑아 만들 수 있는 가장 큰 가분수를 만들고 만든 가분수를 대분수로 나타내어 보시오.

2　3　4　5　6　7　8　9

12

㉮, ㉯가 자연수일 때, 다음을 만족하는 자연수 ㉯를 모두 구하시오.

① 3<㉮<6　　② ㉮$\frac{4}{9}=\frac{㉯}{9}$

13

다음 수 카드 중 3장을 사용하여 대분수를 만들 때, 3보다 크고 5보다 작은 대분수를 모두 쓰시오.

1　3　4　5　7

14

숫자 카드 5장 중 2장을 사용하여 분수를 만들 때, 2보다 작은 가분수는 모두 몇 개 만들 수 있습니까?

2　3　4　5　6

15

세 가지 조건을 만족하는 분수를 모두 구하시오.

· 2보다 크고 4보다 작습니다.
· 분모가 5인 가분수입니다.
· 분자를 분모로 나누면 나머지가 2이거나 3인 분수입니다.

16

2에서 9까지의 숫자 카드가 2장씩 있습니다. 숫자 카드를 뽑아 분모가 5인 대분수를 만들었을 때, $\frac{17}{5}$보다 작은 경우는 몇 가지입니까?

2　2　3　3　4　4　5　5

6　6　7　7　8　8　9　9

17

주사위 3개를 던져서 나온 눈의 수를 이용하여 대분수를 만들었습니다.

(1) 분모가 6이면서 5보다 큰 분수는 몇 개 만들 수 있습니까?

(2) 6보다 큰 대분수는 몇 개 만들 수 있습니까?

01

세 수 ㉮, ㉯, ㉰가 있습니다. ㉮는 ㉯의 $\frac{1}{10}$인 수이고, ㉯는 ㉰의 100배보다 0.8이 더 큰 수입니다. ㉰가 0.389일 때, ㉮의 소수 둘째 자리 숫자는 무엇입니까?

02

세 수 ㉮, ㉯, ㉰가 있습니다. ㉮는 1이 4, 0.1이 2, 0.01이 0, 0.001이 7인 수입니다. ㉯는 ㉮의 100배입니다. ㉰는 ㉯보다 0.05 큰 수의 $\frac{1}{10}$인 수입니다. ㉰를 구하시오.

03

다음을 만족하는 수를 구하시오.

① 4개의 숫자를 한 번씩 써서 만든 소수 세 자리 수입니다.
② 일의 자리의 숫자는 소수 셋째 자리의 숫자의 2배이고 6입니다.
③ 소수 첫째 자리 숫자는 일의 자리 숫자보다 2 큽니다.
④ 소수 둘째 자리 숫자는 소수 첫째 자리 숫자의 $\frac{1}{2}$입니다.

04

어떤 수의 100배인 수는 9.78보다 0.23 작은 수와 같습니다. 어떤 수를 구하시오.

05

□ 안에 0부터 9까지 어느 숫자를 넣어도 됩니다. □ 안에 알맞은 수를 써넣으시오.

27.1□8 < 27.10□

06

일의 자리 숫자가 8, 소수 둘째 자리 숫자가 7인 소수 두 자리 수 중 9보다 작은 수는 모두 몇 개입니까?

07

십의 자리의 숫자가 8이고, 소수 셋째 자리 숫자가 7보다 큰 수 중에서 80.01보다 작은 소수 세 자리 수를 모두 쓰시오.

08

일의 자리 숫자가 5, 소수 첫째 자리의 숫자가 1, 소수 둘째 자리의 숫자가 0, 소수 셋째 자리의 숫자가 3인 수보다 큰 수 중에서 5.11보다 작은 소수 세 자리 수를 모두 쓰시오.

09

㉮를 구하시오.

㉮ $\xrightarrow{\frac{1}{10}}$ □ $\xrightarrow[\text{작은 수}]{0.4}$ □

$\xrightarrow{100배}$ 567.3

10

빈칸에는 0에서 9까지 어느 숫자도 들어갈 수 있습니다. ● 안에 <, >를 알맞게 쓰시오.

7.☐05 ● 7.9☐6

11

빈칸에는 0에서 9까지 어느 숫자도 들어갈 수 있습니다. 큰 수부터 차례로 쓰시오.

㉮ 99.3☐☐

㉯ 9☐.298

㉰ ☐0.2☐6

12

빈칸에 0부터 9까지 어느 숫자를 넣을 때, 가장 큰 수를 찾으시오.

① ☐.654   ② 8.☐67

③ 9.96☐   ④ 9.☐59

⑤ 9.4☐5

【13~14】 소수를 작은 수부터 차례로 쓴 것입니다. 빈칸에 알맞은 수를 쓰시오.

13

① 18.☐99   ② 18.1☐8

③ 18.10☐   ④ 1☐.098

14

① 6☐.909   ② 61.90☐

③ 61.9☐2   ④ 61.☐06

15

숫자 카드 7, 2, 6, 9를 한 번씩 사용하여 소수 세 자리 수를 만들 때, 셋째 번으로 작은 소수를 구하시오.

16

0, 2, 4, 6, 9로 만들 수 있는 소수 세 자리 수 중에서 다음 조건에 맞는 수를 구하시오.

① 45보다 크고 49보다 작습니다.

② 가장 작은 소수입니다.

17

규칙에 따라 수를 늘어 놓은 것입니다. 빈칸에 알맞은 수를 쓰시오.

0.01 ⟶ 0.02 ⟶ 0.04 ⟶ 0.07

⟶ (   ) ⟶ 0.16 ⟶ (   ) ⟶ (   )

18

철수는 운동장에서 그린 수직선 위를 0.8에서 0.82까지 네 걸음에 갔습니다. 철수의 한 걸음 길이가 모두 같다고 하면 철수가 0.8에서 세 걸음 갔을 때의 위치는 소수로 얼마입니까?

0.8   0.82

19

다음 조건에 맞는 수를 구하시오.

① 소수 세 자리 수입니다.

② 3.8보다 크고 3.9보다 작습니다.

③ 소수 둘째 자리 숫자는 일의 자리 숫자의 2배입니다.

④ 각 자리의 숫자의 합은 19입니다.

20

철수는 4 m짜리 끈을 가지고 있었습니다. 그 중에서 $\frac{1}{5}$을 희수에게 주고, 남은 끈의 $\frac{3}{8}$을 진규에게 주고, 남은 것을 자기가 가졌습니다. 희수, 진규가 가지고 있는 끈의 길이는 각각 몇 m인지 소수로 나타내시오.

01

떨어뜨린 높이의 $\frac{1}{10}$ 만큼씩 튀어오르는 공이 있습니다. 이 공을 10 m 높이에서 떨어뜨렸습니다. 넷째 번으로 튀어올랐을 때의 공의 높이는 몇 m입니까?

02

다섯 장의 카드 0 , 1 , 2 , 7 , 8 를 한 번씩 사용하여 15에 가장 가까운 소수 세 자리 수를 만드시오.

03

인경이네 집에서 주변 건물까지의 거리를 나타낸 것입니다. 가까운 건물부터 쓰시오.

보건소(1200 m)   소방서(2.5 km)

우체국(2400 m)   경찰서(1.25 km)

04

㉮, ㉯ 중 큰 수를 찾으시오.

㉮ 4.7의 $\frac{1}{100}$ 보다 0.2 더 큰 수

㉯ 3.58의 $\frac{1}{10}$ 보다 0.2 작은 수

05

㉮, ㉯ 중 큰 수를 찾으시오.

㉮ $\frac{1}{10}$ 이 42, $\frac{1}{1000}$ 이 25인 수

㉯ $\frac{1}{10}$ 이 33, $\frac{1}{100}$ 이 96, $\frac{1}{1000}$ 이 4인 수

06

빈칸에 들어갈 수 있는 숫자를 모두 쓰시오.

7.3□7 > 7.318

07

빈칸에 알맞은 숫자를 모두 쓰시오.

9.□65 < 9.367

08

일의 자리의 숫자가 5, 소수 첫째 자리의 숫자가 0, 소수 둘째 자리의 숫자가 9, 소수 셋째 자리의 숫자가 6인 수보다 작은 수 중에서 5.09보다 큰 소수 세 자리 수를 모두 쓰시오.

09

0.89보다 크고, 0.903보다 작은 소수 세 자리 수는 모두 몇 개입니까?

10

큰 수부터 차례로 쓰시오.

㉮ 4.542보다 0.04 작은 수

㉯ 4.386보다 0.1 큰 수

㉰ 0.1이 42, 0.01이 31,
　 0.001이 25인 수

11

길이가 긴 것부터 차례로 번호를 쓰시오.

① 0.08 km   ② 808 m

③ 8.08 km   ④ 8080 cm

⑤ 800.8 m

STEP 03

12

가장 큰 수를 찾으시오. _____

① 7.5의 $\frac{1}{10}$인 수

② 0.075의 10배인 수

③ 0.75의 100배인 수

④ 7500의 $\frac{1}{1000}$인 수

⑤ 0.0075의 1000배인 수

13

큰 수부터 차례로 번호를 쓰시오.

_____

① 3.945보다 0.1이 5 작고, 0.01이 3 크고, 0.001이 2 큰 수

② 4.159보다 0.01이 3 큰 수

③ 4.254보다 0.01이 3 작고, 0.001이 2 큰 수

④ 4.211보다 0.1이 2 작고, 0.001이 7 큰 수

14

빈칸의 수가 가장 큰 것부터 번호를 쓰시오.

_____

① ( )의 $\frac{1}{10}$은 7.4

② 100의 $\frac{1}{( )}$은 1

③ 0.84의 ( )배는 8.4

④ 0.9의 ( )배는 900

⑤ 0.001의 ( )배는 0.3

15

세 수를 큰 것부터 차례로 쓴 것입니다. 빈칸에 알맞은 숫자를 쓰시오.

(단, 소수 맨 끝자리에는 0이 오지 않음)

41.□02   41.90□   4□.999

16

다음 세 소수를 작은 것부터 차례로 쓴 것입니다. 빈칸에 알맞은 숫자를 쓰시오.

78.5□8   78.50□   7□.095

17

빈칸에 어떤 숫자를 넣어도 됩니다. 큰 수부터 차례로 쓰시오. _____

㉮ 9□.498   ㉯ □0.4□5

㉰ 99.6□□

18

구슬 한 상자가 2.345 kg입니다. 구슬 한 개를 꺼낼 때마다 무게가 다음과 같이 달라졌습니다. □ 안에 알맞은 수를 써넣으시오.

2.345 ─ □ ─ 2.315 ─ □

─ 2.285

[19~20] 다음 숫자 카드를 한 번씩 사용하여 소수 세 자리 수를 만들려고 합니다. 물음에 답하시오.

| 2 | 5 | 1 | 7 |

19

셋째 번으로 큰 소수를 만드시오.

_____

20

셋째 번으로 작은 소수를 만드시오.

_____

21

다음 숫자 카드를 한 번씩만 사용하여 넷째 번으로 작은 소수 세 자리 수를 만드시오.

| 3 | 6 | 2 | 8 |

01

그림과 같이 쌓기나무를 규칙적으로 쌓을 때, 5층까지 쌓으려면 쌓기나무는 모두 몇 개 필요합니까?

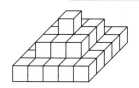

05

오른쪽과 같이 바둑돌을 늘어놓았습니다. 흰 바둑돌이 검은 바둑돌보다 15개가 더 많도록 하려면, 몇 번째 줄까지 놓아야 합니까?

【2~3】 다음과 같이 바둑돌을 놓을 때, 물음에 답하시오.

02

80째 번 바둑돌의 색

03

100째 번 바둑돌의 색

06

그림과 같이 구슬에 번호를 붙여나갈 때, 9째 줄의 오른쪽 끝에 오는 것은 몇 번입니까?

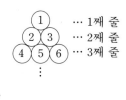

07

그림과 같이 바둑돌을 정삼각형 모양으로 늘어놓았습니다. 정삼각형 둘레에 놓인 바둑돌의 개수가 27개이면 전체 바둑돌의 개수는 몇 개입니까?

04

바둑돌이 오른쪽 그림과 같이 규칙적으로 놓여 있습니다. 맨 아랫줄의 바둑돌의 개수가 15개일 때, 전체 놓인 바둑돌은 ___색이 ___ 개 더 많습니다.

08

바둑돌을 정사각형 모양으로 늘어놓았습니다. 정사각형의 둘레에 놓인 검은 바둑돌의 개수가 40개일 때, 흰 바둑돌의 개수를 구하시오.

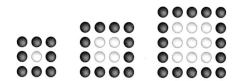

09

그림과 같이 성냥개비를 늘어놓아 정사각형 15개를 만들 때, 성냥개비는 모두 몇 개가 필요합니까?

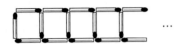

10

그림과 같이 성냥개비를 배열하여 정육각형 10개를 만들 때, 성냥개비는 모두 몇 개 필요합니까?

11

그림과 같이 성냥개비로 삼각형 모양을 만들 때, 10째 번 모양을 만들려면 성냥개비가 몇 개 필요합니까?

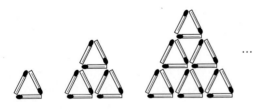

12

100에서 400까지의 수에는 0이 몇 개 나옵니까?

13

세 자리 수 중에서 십의 자리의 숫자와 일의 자리의 숫자가 같은 수는 모두 몇 개입니까?

14

다음 중 무늬 만들기의 규칙이 같은 것끼리 찾으시오.

① 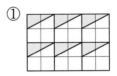 ②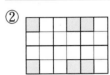

③ 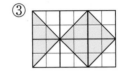 ④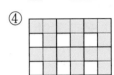

15

오른쪽 모양을 이어 붙여서 만들 수 있는 것을 모두 찾으시오.

①   ②   ③

④   ⑤

16

왼쪽 모양을 이용하여 오른쪽 무늬를 만들었습니다. 이용한 방법을 쓰시오.

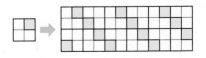

1학기 중간·기말고사를 대비한

최종 마무리

01

968501424보다 오백만 작은 수를 구하시오.

02

( ) 안의 수가 가장 작은 것은 어느 것입니까?

① 10억의 100배는 ( )입니다.

② 10의 10억배는 ( )입니다.

③ 1억의 10배는 ( )입니다.

④ 100억의 10배는 ( )입니다.

⑤ 1000의 1000만배는 ( )입니다.

03

돈 934800000원을 100만 원권 수표와 10만 원권 수표로 찾으려고 합니다. 수표의 수가 가장 적게 찾으려면 어떻게 찾아야 합니까?

04

1억인 것의 번호를 모두 쓰시오.

① 100만이 1000개인 수

② 10만을 10000배한 수

③ 9000만보다 1000만 큰 수

④ 9900만보다 100만 큰 수

⑤ 9999만보다 10만 큰 수

05

숫자 8이 나타내는 수가 가장 큰 수는 가장 작은 수의 몇 배입니까?

① 852310   ② 913820

③ 985372   ④ 958430

⑤ 905638

06

7984632106에서 9가 나타내는 수와 다른 것의 번호를 쓰시오.

① 913457048   ② 49141816306

③ 815964370061   ④ 56932768750

⑤ 123400912743682

07

십억의 자리 숫자가 백만의 자리 숫자의 2배이고, 십만의 자리 숫자가 십의 자리 숫자보다 2 큰 수의 번호를 쓰시오.

① 4902356921   ② 6513589042

③ 2421612383   ④ 8334256709

⑤ 3646745694

08

수로 나타내고 읽으시오.

> 37조 9870억에서 1조씩 큰 쪽으로 5번 뛰어서 센 수

쓰기 _____

읽기 _____

09

1조를 나타내는 수의 번호를 쓰시오.

① 10만을 10만배한 수

② 1억을 1000배한 수

③ 10000을 1억배한 수

④ 1000억이 100개인 수

⑤ 100만이 10000개인 수

10

숫자로 나타낼 때, 0은 모두 몇 개입니까?

이십오조 삼십억 팔백오만 칠백이십

11

40억이 만 개인 것은 100만이 몇 개인 것과 같습니까?

12

빈칸에 알맞은 수를 쓰시오.

100만 작은 수   100만 큰 수

[　　　　] → 764127649 → [　　　　]

13

빈칸에 알맞은 수를 쓰시오.

753억 → 763억 → 773억 → [　　　　]

14

㉠에 알맞은 수를 구하시오.

7조7500억　　　㉠　　　8조7500억

15

옳은 것의 번호를 모두 쓰시오.

① 95430＞90000＋5000＋500
② 87542105＜87457395
③ 칠천오백만＜70500000
④ 7080000000000＞조가 7개, 억이 80개인 수
⑤ 907억의 100배인 수＝9070000000000

16

☐ 안에 0에서 9까지의 어떤 숫자를 써도 됩니다. 네 수 중 작은 것부터 번호를 쓰시오.

① 71980☐11431　　② 70☐29724608
③ 7198☐920457　　④ 7210067☐994

17

승기와 지혜는 자기 숫자 카드를 한 번씩만 써서 다섯 자리 수를 만들었습니다. 승기는 가장 큰 수를 만들고, 지혜는 가장 작은 수를 만들었을 때, 두 수의 차를 구하시오.

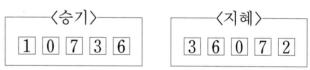

〈승기〉　　1 0 7 3 6　　〈지혜〉　　3 6 0 7 2

18

다음 조건을 모두 만족하는 수 중에서 가장 큰 수를 구하시오.

· 일곱자리 수입니다.
· 0이 모두 4개입니다.
· 백만의 자리 숫자는 일의 자리 숫자의 3배입니다.

19

0, 2, 4, 6, 8, 9를 한 번씩 모두 사용하여 600000에서 가장 먼 여섯 자리 수를 구하시오.

20

0에서 9까지의 숫자를 한 번씩만 사용하여 30억보다 큰 수를 만들 때, 30억에서 셋째 번으로 가까운 수를 구하시오.

01

8000×900을 계산하려고 합니다.
8×9=72에서 2는 어디에 써야 합니까?

$$\begin{array}{r} 8000 \\ \times \quad 900 \\ \hline ①②③④⑤00 \end{array}$$

02

7을 400번 곱했을 때 곱의 일의 자리 숫자를 구하시오.

03

곱이 다른 하나는 어느 것입니까?

① 400×900

② 30×12000

③ 6000×60

④ 20×1800

⑤ 36×10000

04

( ) 안에 알맞은 숫자를 쓰시오.

$$\begin{array}{r} (\ )\ 4\ \ 9 \\ \times \quad 7\ (\ ) \\ \hline 3\ (\ )\ 9\ \ 4 \\ 3\ \ 8\ (\ )(\ ) \\ \hline (\ )(\ )(\ )(\ )\ 4 \end{array}$$

05

빈칸에 알맞은 수를 쓰시오.

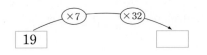

06

두 수의 크기를 비교하여 ◯ 안에 <, =, >를 알맞게 쓰시오.

$$8\times3\times36 \quad ◯ \quad 16\times9\times7$$

07

4장의 숫자 카드 ②, ⑤, ⑦, ⑧을 한 번씩만 사용하여 곱이 가장 작은
(두 자리 수)×(두 자리 수)의 곱셈식을 만들려고 합니다. 그때의 곱을 구하시오.

08

한 자루에 350원 하는 연필이 250다스 있습니다. 연필값은 모두 얼마입니까?

식 _____

답 _____

09

한 상자에 6500원인 귤을 34상자 사왔습니다. 이것을 한 상자에 8000원씩 받고 모두 팔았다면 귤을 팔고 남은 이익금은 모두 얼마입니까?

식 _____

답 _____

10

어느 고궁의 입장료는 어른이 950원이고, 어린이가 450원입니다. 어른 27명과 어린이 49명이 입장했을 때, 입장료는 모두 얼마이겠습니까?

식 _____

답 _____

11

㉠에 알맞은 수는 ㉡에 알맞은 수의 몇 배입니까?

㉠×20=㉡×2000

12

몫이 같은 것끼리 번호로 짝지으시오.

①   ②   ③

① 800÷51   ㉠ 868÷34
② 806÷32   ㉡ 997÷61
③ 735÷45   ㉢ 601÷39

13

몫이 두 자리 수가 나오는 나눗셈식의 번호를 쓰시오.

① 702÷71   ② 516÷52
③ 815÷83   ④ 419÷41
⑤ 369÷37

14

□ 안에 들어갈 수 있는 수 중에서 가장 큰 수를 구하시오.

27×□＜394

15

계산하고 검산하시오.

34)976

16

( ) 안에 알맞은 숫자를 쓰시오.

```
          ( )( )
37 ) ( ) 3 ( )
      ( )  4
      1 ( ) 4
      ( )( )( )
              9
```

17

네 장의 숫자 카드 5, 3, 9, 0, 7을 한 번씩만 사용하여 몫이 가장 작은 (세 자리 수)÷(두 자리 수)의 나눗셈 식을 만들려고 합니다. 그때의 몫과 나머지를 구하시오. _____

18

어떤 수를 54로 나누어야 할 것을 잘못하여 45로 나누었더니 몫이 19이고 나머지가 13이었습니다. 바르게 계산했을 때의 몫과 나머지를 구하시오.

몫   나머지
_____

19

승미네 학교 4학년 학생은 모두 379명입니다. 버스 한 대에 45명이 탄다면 버스는 몇 대가 필요합니까?

식 _____

답 _____

20

사과 878개를 한 상자에 49개씩 넣은 다음 남은 사과를 한 봉지에 9개씩 넣었습니다. 사과는 몇 상자 몇 봉지입니까?

식 _____

답 _____

01

각을 재는 순서를 차례로 쓰시오.

㉠ 한 변은 각도기의 밑금과 맞춥니다.

㉡ 다른 한 변이 닿는 눈금을 읽습니다.

㉢ 각의 꼭짓점에 각도기의 중심을 맞춥니다.

02

각 ㄱㄹㄷ은 2직각보
다 몇 도 작습니까?

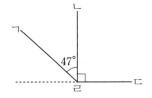

03

㉠과 ㉡의 각도의 합을
구하시오.

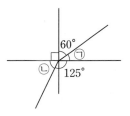

04

시침과 분침이 이루는 각
중에서 작은 쪽의 각도를
구하시오.

05

직각 ㄱㅇㅅ을 똑같은
크기로 6개의 각으로 나
누었습니다. 각 ㄷㅇㅂ
의 크기를 구하시오.

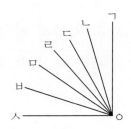

06

2직각을 똑같이 6등분
하였습니다. 각 ㄴㅇㅁ
의 크기를 구하시오.

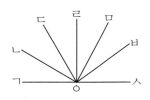

07

☐ 안에 알맞은 수를 쓰시오.

$$75° + \boxed{}° = 2직각 - 35°$$

08

계산 결과가 가장 큰 것부터 차례로 쓰시
오.

① 1직각 + 165°

② 2직각 + 10°

③ 3직각 − 110°

09

☐ 안의 각이 큰 것부터 차례로 번호를 쓰
시오.

① 260° = 2직각 + ☐

② 354° = 3직각 + ☐

③ 175° = 1직각 + ☐

10

각의 크기의 합 ㉠+㉡
을 구하시오.

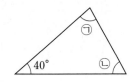

11
각 ㉠의 크기를 구
하시오.

_____

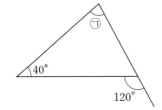

12
각의 크기의 합
㉠+㉡을 구하시오.

_____

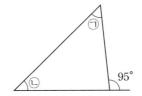

13
□ 안에 알맞은
각도를 쓰시오.

_____

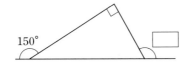

14
각의 크기의 합
㉠+㉡+㉢을 구하
시오.

_____

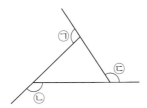

15
각의 크기의 합 ㉠+㉡
을 구하시오.

_____

16
각 ㉠의 크기와 각 ㉡의
크기의 차 ㉡-㉠을 구
하시오.

_____

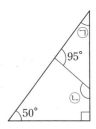

17
각 ㉠의 크기를 구하
시오.

_____

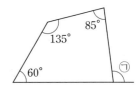

18
□ 안에 알맞은 각
도를 쓰시오.

_____

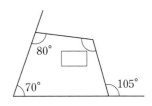

19
각의 크기의 합
㉠+㉡+㉢+㉣+㉤을
구하시오.

_____

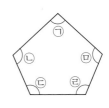

20
도형에서 표시한 각의
크기의 합을 구하시오.

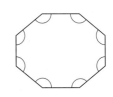

01

삼각형에서 각 ㉠의 크기를 구하시오.

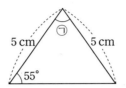

02

삼각형 ㄱㄴㄷ의 세 변의 길이의 합을 구하시오.

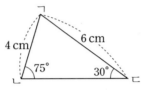

03

삼각형에서 각 ㉠의 크기를 구하시오.

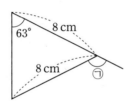

04

삼각형 ㄱㄴㄷ의 세 변의 길이의 합은 32 cm입니다. 변 ㄱㄴ의 길이를 구하시오.

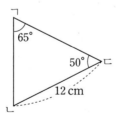

05

길이가 27 cm인 철사를 모두 이용하여 한 변이 7 cm이고, 나머지 두 변의 길이가 같은 이등변삼각형을 만들려고 합니다. 나머지 두 변의 길이를 각각 구하시오.

[6~7] 색종이로 이등변삼각형 모양을 만들어 그림과 같이 반으로 접었다가 펴보았습니다. 각 ㄱㄴㄷ의 크기가 **67**일 때, 물음에 답하시오.

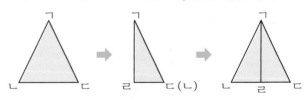

06

각 ㄱㄷㄴ의 크기를 구하시오.

07

각 ㄴㄱㄹ의 크기를 구하시오.

08

삼각형에서 세 변의 길이의 합을 구하시오.

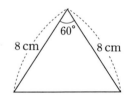

09

삼각형에서 각 ㉠의 크기를 구하시오.

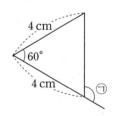

10

길이가 36 cm인 실로 가장 큰 정삼각형을 만들려고 합니다. 한 변의 길이를 몇 cm로 하면 됩니까?

11

한 변의 길이가 5 cm인 정삼각형 9개를 붙여 놓은 것입니다. 삼각형 ㄱㄴㄷ의 세 변의 길이의 합을 구하시오.

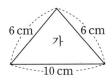

12

두 삼각형의 둘레의 차를 구하시오.

13

정삼각형과 정사각형의 둘레의 길이는 같습니다. 정삼각형의 한 변의 길이를 구하시오.

14

정삼각형 ㄱㄴㄷ과 이등변삼각형 ㄱㄷㄹ을 붙여 놓은 것입니다. 각 ㄴㄱㄹ의 크기가 100°일 때 각 ㄴㄷㄹ의 크기를 구하시오.

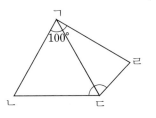

15

삼각형의 두 각의 크기가 25°, 35°입니다. 이 삼각형은 예각삼각형, 직각삼각형, 둔각삼각형 중 어떤 삼각형입니까?

16

한 변의 길이가 8 cm인 정삼각형과 정사각형을 붙여 놓은 것입니다. 각 ㄷㄴㄹ의 크기를 구하시오.

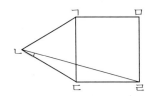

17

오른쪽 삼각형의 이름이 될 수 있는 것을 두 가지 쓰시오.

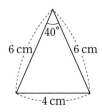

18

바르게 설명한 것의 번호를 모두 쓰시오.

① 정삼각형은 예각삼각형입니다.

② 이등변삼각형은 정삼각형이라고 할 수 있습니다.

③ 이등변삼각형은 세 각의 크기가 모두 같습니다.

④ 직각삼각형에는 직각이 1개 있습니다.

⑤ 둔각삼각형에는 예각이 없습니다.

19

시계의 시침과 분침이 이루는 작은 쪽의 각이 예각, 직각, 둔각 중 어느 각인지 쓰시오.

⑴ 1시 20분

⑵ 2시 35분

⑶ 3시 30분

⑷ 10시 35분

20

오른쪽 도형을 점선을 따라 자르면 둔각삼각형은 몇 개 얻을 수 있습니까?

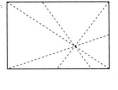

01

천억이 69개, 백억이 53개, 천만이 654개인 수는 얼마입니까?

02

아버지는 은행에서 1895000000원을 100만 원짜리 수표로 찾았습니다. 수표는 몇 장이 됩니까?

03

51647239876321에서 천억의 자리 숫자와 십만의 자리 숫자가 나타내는 수의 합을 구하시오.

04

㉠이 나타내는 수는 ㉡이 나타내는 수의 몇 배입니까?

5 7 1 0 2 7 8 9 5 3
　　㉠　　　㉡

05

490억 8942만을 1000배한 수에서 숫자 8이 나타내는 수를 구하시오.

06

빈칸에 알맞은 수를 쓰시오.

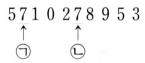

07

빈칸에 알맞은 수를 쓰시오.

08

☐ 안에 알맞은 숫자를 모두 쓰시오.

75091345820<7☐100678123

09

큰 수부터 차례로 번호를 쓰시오.

① 859조 7253억
② 1232647654175163
③ 1241743011632791
④ 861410002134176
⑤ 팔백오십구조 팔천억

10

0부터 9까지의 숫자 중에서 한번씩 사용하여 아홉 자리 수를 만들 때, 가장 큰 수에서 숫자 7이 나타내는 수는 가장 작은 수에서 숫자 7이 나타내는 수의 몇 배입니까?

11

숫자 카드 ②, ④, ⑧, ⑦, ⑥을 네 번까지 사용하여 15자리 수를 만들 때, 셋째 번으로 큰 수를 구하시오.

12

34×80의 값과 같지 않은 것은 어느 것입니까?

① 34×10×8   ② 20×17×8

③ 80×33+80   ④ 34×10+8

⑤ 35×80−80

13

①, ②에 알맞은 수를 쓰시오.

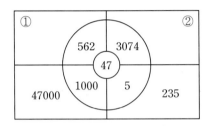

14

□ 안에 들어갈 수 있는 수 중에서 가장 작은 수를 구하시오.

75× □ >999

15

나누는 수가 몫보다 클 때, 다음 식을 보고 빈칸에 알맞은 수를 쓰시오.

56×14+31=815

(   )÷(   )=(   )…(   )

16

몫이 큰 것부터 차례로 번호를 쓰시오.

① 520÷19   ② 832÷32

③ 875÷35   ④ 936÷39

17

한 상자에 24개씩 들어 있는 배가 5200상자 있습니다. 배는 모두 몇 개입니까?

18

한 개의 무게가 563 g인 쇠구슬이 34개 있습니다. 쇠구슬 전체의 무게는 몇 kg 몇 g입니까?

19

숫자 카드 ⑤, ④, ⓪, ⑦, ⑨를 각각 한 번씩만 사용하여 만들 수 있는 가장 작은 세 자리 수와 가장 큰 두 자리 수의 곱을 구하시오.

20

어떤 수를 52로 나누었더니 몫이 16이었습니다. 어떤 수 중 가장 큰 수와 가장 작은 수를 차례로 구하시오.

21

달걀 한 판은 30개입니다. 달걀 634개는 몇 판이 되고 몇 개가 남습니까?

22

각 ㉠의 크기를 구하
시오.

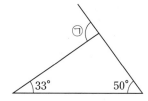

_____

23

각 ㉠의 크기를 구하
시오.

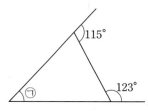

_____

24

각 ㉠에서 각 ㉆까지
의 모든 각의 크기의
합을 구하시오.

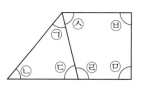

_____

25

각 ㉠의 크기를 구하
시오.

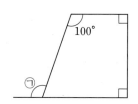

_____

26

삼각형 ㄱㄴㄷ과 삼각형 ㄱㄷㄹ은 이등변
삼각형입니다. 각 ㄹ의 크기를 구하시오.

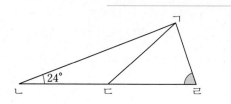

27

각의 크기의 합 ㉠+㉡+㉢+㉣+㉤+㉥을
구하시오.

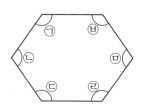

_____

[28~29] 삼각형의 두 각의 크기를 나타낸 것입
니다. 물음에 답하시오.

① 35°, 55°	② 25°, 45°
③ 130°, 25°	④ 20°, 80°
⑤ 50°, 80°	⑥ 60°, 60°

28

이등변삼각형인 것의 번호를 모두 쓰시오.

_____

29

정삼각형인 것의 번호를 쓰시오.

_____

30

예각인 것의 번호를 모두 쓰시오.

_____

① 180°−90°　　② 39°+54°

③ 45°+37°　　④ 1직각−20°

⑤ 2직각−100°

01

두 수 ㉮와 ㉯의 차를 구하시오.

㉮ $72÷(4×6)$ ㉯ $72÷4×6$

02

( )가 없어도 계산 결과가 같은 것의 번호를 쓰시오. _____

① $8×(12-5)$ ② $5+7×(8+10)$

③ $(4+6)×8-10$ ④ $(4+20)÷2-4$

⑤ $(42÷6)×3-4$

03

두 식이 같아지도록 ○ 안에 $+, -, ×, ÷$ 중 알맞은 것을 쓰시오.

$67+24-19-31=67+24-(19 \bigcirc 31)$

04

가장 먼저 계산해야 할 부분을 쓰시오.

$120-85÷\{(13-6)×5-18\}$

_____

05

먼저 계산해야 하는 것부터 차례로 기호를 쓰시오. _____

$300-\{34+(120-45)÷3\}×2$

㉠ ㉡ ㉢ ㉣ ㉤

06

빈칸에 알맞은 수를 쓰시오.

$(9+3×\boxed{})÷5=23-(4×3+5)$

07

빈칸에 알맞은 수를 쓰시오.

$205-8×\{(72-30)÷6+4\}$

$=205-8×\{\boxed{}÷6+3\}$

$=205-8×\{\boxed{}+3\}$

$=205-8×\boxed{}$

$=205-\boxed{}=\boxed{}$

[8~9] 등식이 성립하도록 빈칸에 $+, -, ×, ÷$ 를 한 번씩 쓰시오.

08

$8 \boxed{} 2 \boxed{} (4 \boxed{} 5) \boxed{} 3=2$

09

$3 \boxed{} (7 \boxed{} 3) \boxed{} 12 \boxed{} 4=27$

[10~11] 등식이 성립하도록 알맞은 곳에 ( )를 넣으시오.

10

$18÷12÷4×2=12$

11

$50-9×6+2÷4=36$

12

두 식을 하나의 식으로 나타내시오.

$\boxed{보기}$ $\left.\begin{array}{l}45÷9=5\\24-5=19\end{array}\right\}$ ➡ $24-45÷9=19$

$\left.\begin{array}{l}13+6÷2=16\\76-9×7=13\end{array}\right\}$ ➡ _____

[13~15] 계산을 하시오.

13

$150-\{8\times(3+6)\div12\}+6\times5$

14

$105-\{20+(50-30)\div4\}\times3$

15

$24\div(25-19)+\{(5-2)\times10\}$

16

㉮에 알맞은 수를 구하시오.

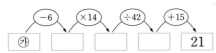

17

☐ 안에 알맞은 수 중에서 가장 큰 수를 구하시오.

$$30+\boxed{}<100-12\times5+24\div8$$

[18~23] 하나의 식으로 나타내고 답하시오.

18

한 변의 길이가 8 cm인 정삼각형과 한 변의 길이가 6 cm인 정사각형의 둘레의 길이의 합을 구하시오.

식 _____

답 _____

19

달걀 한 판은 30개입니다. 달걀 25판을 하루에 25개씩 9일 동안 음식을 만드는 데 썼다면, 달걀은 몇 개가 남겠습니까?

식 _____ 답 _____

20

연필 30다스를 45명에게 똑같이 나누어 준다면, 한 사람에게 몇 자루씩 나누어 줄 수 있습니까?

식 _____ 답 _____

21

사과 한 개의 무게는 350 g, 토마토 4개의 무게는 600 g입니다. 사과 5개의 무게와 토마토 2개의 무게는 몇 g입니까?

식 _____ 답 _____

22

사과 한 개의 무게는 320 g, 배 3개의 무게는 1260 g입니다. 사과 10개의 무게와 배 5개의 무게는 몇 kg 몇 g입니까?

식 _____ 답 _____

23

10개에 7200원인 사과 4개와 1개에 1200원인 배 6개의 값은 모두 얼마입니까?

식 _____ 답 _____

01
분모와 분자의 합이 16이고, 분모와 분자의 차가 10인 진분수를 구하시오.

02
어떤 가분수의 분자를 분모 9로 나누면 몫이 3이고, 나머지가 5입니다. 이 가분수를 구하시오.

03
분자가 20인 가분수는 모두 몇 개입니까 ?

04
분모와 분자의 합이 13이고, 차가 7인 가분수가 있습니다. 이 가분수를 대분수로 나타내시오.

05
㉠이 가리키는 곳을 대분수로 쓰시오.

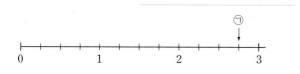

06
분모가 6인 분수 중에서 4보다 크고 5보다 작은 대분수를 모두 쓰시오.

07
5에 가장 가까운 분수를 찾으시오.

① $4\frac{2}{5}$ ② $5\frac{4}{5}$ ③ $5\frac{3}{5}$

④ $4\frac{4}{5}$ ⑤ $4\frac{1}{5}$

08
옳지 않은 것을 모두 찾으시오.

① $\frac{18}{5} > 3\frac{2}{5}$ ② $7\frac{1}{4} < \frac{30}{4}$

③ $\frac{57}{8} > 7\frac{2}{8}$ ④ $2\frac{7}{12} < \frac{30}{12}$

⑤ $2\frac{2}{6} > \frac{17}{6}$

09
크기가 가장 큰 분수부터 차례대로 번호를 쓰시오.

① $3\frac{7}{8}$ ② $3\frac{6}{8}$

③ $5\frac{2}{8}$ ④ $4\frac{3}{8}$

10
분자가 5인 가분수 중에서 2보다 작은 가분수를 모두 쓰시오.

11

3과 4 사이에 있는 분수를 모두 찾으시오.

① $\frac{6}{5}$　　② $\frac{22}{5}$　　③ $\frac{16}{5}$

④ $\frac{12}{5}$　　⑤ $\frac{18}{5}$

12

승미와 친구들은 학교 도서관에서 책을 읽었습니다. 승미는 $1\frac{2}{7}$시간, 지성이는 1시간, 수영이는 $\frac{15}{7}$시간 동안 읽었습니다. 세 사람 중에서 책을 오랫동안 읽은 사람 순서대로 그 이름을 쓰시오.

13

빈칸에 알맞은 수를 모두 쓰시오.

$$\frac{37}{9} < 4\frac{(\ \ \ )}{9}$$

14

4장의 숫자 카드 $\boxed{2}$, $\boxed{3}$, $\boxed{8}$, $\boxed{7}$ 중에서 2장을 골라 가분수를 만들려고 합니다. 만들 수 있는 가분수 중에서 3보다 작은 가분수는 모두 몇 개입니까?

15

5장의 숫자 카드 $\boxed{5}$, $\boxed{4}$, $\boxed{8}$, $\boxed{2}$, $\boxed{9}$ 중에서 3장을 골라 분모가 9인 대분수를 만들려고 합니다. 만들 수 있는 대분수 중에서 가장 큰 대분수를 쓰시오.

16

다음 숫자 카드 중에서 두 장을 뽑아 만들 수 있는 가분수는 모두 몇 개입니까?

$$\boxed{4}\ \boxed{5}\ \boxed{7}\ \boxed{8}\ \boxed{3}$$

【17~18】 2에서 9까지의 숫자 카드가 1장씩 있습니다. 숫자 카드 2장을 뽑아서 가분수를 만들려고 합니다.

17

가장 작은 가분수를 대분수로 나타내시오.

18

셋째 번으로 큰 가분수를 대분수로 나타내시오.

【19~20】 2에서 9까지의 숫자 카드가 2장씩 있습니다. 숫자 카드를 뽑아서 분수를 만들려고 합니다. 물음에 답하시오.

19

숫자 카드 2장을 사용하여 만들 수 있는 분모가 6인 진분수는 모두 몇 개입니까?

20

숫자 카드 2장을 사용하여 만들 수 있는 분모가 7인 가분수는 모두 몇 가지입니까?

01

빈칸에 알맞은 수를 쓰시오.

9.658은
- 1이 ___ 개
- 0.1이 ___ 개
- 0.01이 ___ 개
- 0.001이 ___ 개

02

옳은 것의 번호를 모두 쓰시오. ___

① 0.01이 75개인 수는 7.5입니다.

② 0.01이 249개인 수는 2.49입니다.

③ 5.248에서 4는 0.04를 나타냅니다.

④ 1이 42개, 0.001이 36개인 수는 42.036입니다.

⑤ $\frac{1}{100}$이 71개, $\frac{1}{1000}$이 8개인 수는 7.108입니다.

03

다음이 나타내는 수의 $\frac{1}{100}$인 수를 구하시오.

1이 72개이고, 0.1이 93개인 수

04

빈칸에 알맞은 수를 쓰시오.

⑴ 7은 0.07의 ___ 배입니다.

⑵ 9는 0.009의 ___ 배입니다.

⑶ 8.4는 0.084의 ___ 배입니다.

⑷ 30은 0.3의 ___ 배입니다.

05

㉮, ㉯, ㉰를 나타내는 수 중 큰 것부터 차례로 기호를 쓰시오. ___

① 0.7은 7의 $\frac{1}{㉮}$배입니다.

② 0.54는 54의 $\frac{1}{㉯}$배입니다.

③ 0.702는 702의 $\frac{1}{㉰}$배입니다.

06

옳은 것을 모두 찾으시오.

① 52 cm=5.2 m

② 351 m=0.0351 km

③ 8235 m=8.235 km

④ 700 cm=0.007 km

⑤ 72 m=0.72 km

07

한 개의 무게가 425 g인 사과가 17개 있습니다. 사과의 무게는 모두 몇 kg입니까?

___

08

0을 생략할 수 있는 소수를 찾아 0을 생략하여 나타내시오. ___

① 100.007   ② 7.500

③ 15.70   ④ 79.605

09

숫자 7이 나타내는 수가 큰 것부터 차례로 쓰시오. ___

5.278, 9.017, 7.486, 5.729

10

㉠이 나타내는 수는 ㉡이 나타내는 수의 몇 배입니까?

5 7 .452   65.15 7
↑   ↑
㉠   ㉡

11

옳지 않은 것의 번호를 쓰시오.

① 0.53>0.39   ② 0.257<0.261
③ 5.67>5.48   ④ 9.665>9.668
⑤ 9.739>9.699

12

작은 수부터 순서대로 번호를 쓰시오.

① 1.989   ② 2.809
③ 2.089   ④ 2.875

13

집에서 건물까지의 거리를 나타낸 것입니다. 집에서 가까운 건물부터 차례로 쓰시오.

학교	도서관	문구점	병원
600 m	1435 m	0.75 km	1.8 km

14

0.85보다 크고, 0.859보다 작은 소수 세 자리 수는 모두 몇 개입니까?

15

일의 자리 숫자가 7이고, 소수 셋째 자리 숫자가 2인 수보다 큰 수 중에서 7.01보다 작은 소수 세 자리 수를 모두 몇 개입니까?

16

□에 알맞은 수를 모두 구하시오.

276.159<276.1□4

17

□에 들어갈 수 있는 숫자를 모두 쓰시오.

8.032>8.0□5

【18~19】 일정한 규칙으로 수를 쓴 것입니다. 빈 칸에 알맞은 수를 쓰시오.

18

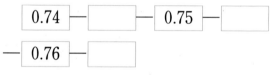

0.74 — ☐ — 0.75 — ☐
— 0.76 — ☐

19

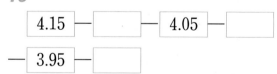

4.15 — ☐ — 4.05 — ☐
— 3.95 — ☐

20

4장의 카드 ⎡.⎤ ⎡1⎤ ⎡4⎤ ⎡9⎤ 를 한 번씩만 사용하여 소수 두 자리 수를 만들려고 합니다. 가장 큰 수와 가장 작은 수를 차례로 쓰시오.

01

바둑돌의 배열을 보고, 12째 번에 놓이는 바둑돌의 개수를 구하시오.

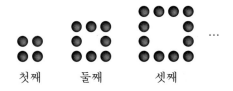

첫째   둘째   셋째

02

바둑돌의 배열에서 40째 번에는 몇 개의 바둑돌을 놓아야 합니까?

03

그림과 같은 규칙으로 바둑돌을 놓으면, 15째 번 줄에는 바둑돌을 몇 개 놓아야 합니까?

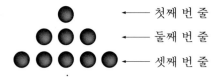

←─ 첫째 번 줄

←─ 둘째 번 줄

←─ 셋째 번 줄

04

그림과 같은 방법으로 정삼각형을 20개 만들려면 성냥개비는 모두 몇 개 필요합니까?

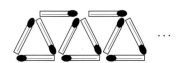

05

그림과 같이 성냥개비를 늘어놓아 정사각형 15개를 만들려고 합니다. 성냥개비는 모두 몇 개가 필요합니까?

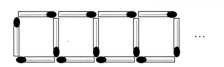

[6~7] 그림과 같이 쌓기나무를 쌓으려고 합니다. 물음에 답하시오.

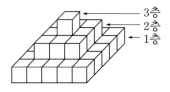

3층
2층
1층

06

4층까지 쌓을 때, 1층에 놓이는 쌓기나무는 몇 개입니까?

07

7층까지 쌓으려면 쌓기나무는 모두 몇 개 필요합니까?

08

그림과 같은 규칙으로 쌓기나무를 쌓아 2층의 쌓기나무가 8개일 때 1층과 2층의 쌓기나무는 모두 몇 개입니까?

  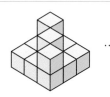

[9~11] 규칙을 찾아 빈칸에 알맞은 수를 쓰시오.

09

1, 2, 4, 8, _____, _____, 64

10

$\dfrac{1}{1}$, $\dfrac{3}{3}$, $\dfrac{5}{9}$, $\dfrac{7}{27}$, $\dfrac{9}{81}$, $\dfrac{(\ \ )}{(\ \ )}$, $\dfrac{(\ \ )}{(\ \ )}$

11

31, 32, 34, 37, 41, _____, _____, 59

12

왼쪽 그림과 같은 모양을 밀기 방법을 이용하여 이어 붙여서 무늬를 만드시오.

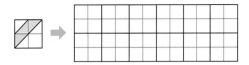

13

왼쪽 그림과 같은 모양을 뒤집어 가며 이어 붙여서 무늬를 만드시오.

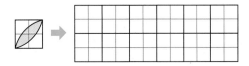

14

왼쪽 그림과 같은 모양을 돌려 가며 이어 붙여서 새로운 무늬를 만드시오.

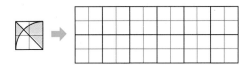

15

다음 무늬는 어떤 모양을 밀기 방법을 이용하여 이어 붙인 무늬입니까?

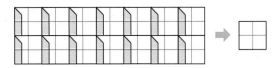

16

오른쪽 무늬는 왼쪽 모양을 어떻게 움직여서 만든 것입니까?

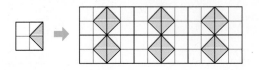

17

다음 무늬는 어떤 모양을 뒤집어 가며 이어 붙인 것입니다. 어떤 모양을 사용했는지 오른쪽에 그리시오.

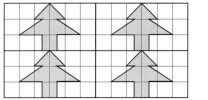

18

다음 무늬는 어떤 모양을 돌려 가며 이어 붙인 것입니다. 어떤 모양을 사용했는지 오른쪽에 그리시오.

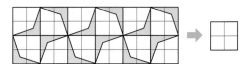

19

돌리기를 이용해서 만든 무늬를 모두 찾으시오.

①   ②   ③

④   ⑤

20

밀기를 이용하여 만든 무늬를 모두 찾으시오.

① 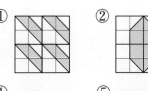 ② ③

④   ⑤

01

두 수 ㉮와 ㉯의 차를 구하시오.

㉮ $120 \div (2 \times 5) \div 4$

㉯ $120 \div 2 \times 5 \div 4$

02

빈칸에 알맞은 식을 찾으시오.

$$90 - 75 \div \{(13-7) \times 6 - 11\}$$
$$= 90 - 75 \div \{\boxed{}\}$$

① 7×6　　② $26 - 11$　　③ $42 - 11$

④ 13×6　　⑤ $36 - 11$

[3~5] 계산을 하시오.

03

$$\{(44-9) \div 7 - 3\} \times 10 + 25$$

04

$$24 - \{45 \div (3 \times 5)\} + 9 \div 3$$

05

$$80 - 75 \div \{(20-6) \div 7 + 3\} + 5$$

06

빈칸에 알맞은 수를 쓰시오.

$$24 \div 8 + \{(\boxed{} \times 2 - 3) + 4\} = 14$$

[7~10] 하나의 식으로 나타내고 답을 구하시오.

07

연필 20다스를 40명에게 똑같이 나누어 준다면, 한 사람에게 몇 자루씩 나누어 줄 수 있습니까?

㉠ _____　　㉡ _____

08

조기 한 두름은 20마리입니다. 조기 30두름을 하루에 55마리씩 8일 동안 팔면 몇 마리가 남습니까?

㉠ _____　　㉡ _____

09

마늘 한 접은 100개입니다. 마늘 9접을 하루에 80개씩 9일 동안 팔면 마늘은 몇 개가 남겠습니까?

㉠ _____　　㉡ _____

10

5권에 1250원인 공책 4권과 1자루에 800원인 샤프 연필 3자루를 사고 5000원을 내었습니다. 얼마를 거슬러 받아야 합니까?

㉠ _____　　㉡ _____

11

빈칸에 알맞은 수를 모두 쓰시오.

$$\frac{15}{11} > 1\frac{(\ \ )}{11}$$

12

4장의 숫자 카드 ②, ③, ⑨, ⑧ 중에서 2장을 골라 가분수를 만들려고 합니다. 만들 수 있는 가분수 중에서 2보다 큰 가분수를 모두 쓰시오.

13

5장의 숫자 카드 ⑥, ③, ①, ②, ⑦ 중에서 3장을 골라 분모가 7인 대분수를 만들려고 합니다. 만들 수 있는 대분수 중에서 가장 작은 대분수를 쓰시오.

【14~15】 2에서 9까지의 숫자 카드가 2장씩 있습니다. 숫자 카드를 뽑아서 분수를 만들려고 합니다. 물음에 답하시오.

14

숫자 카드 2장을 사용하여 분수를 만들었을 때, 분모와 분자의 합이 12인 가분수는 모두 몇 개입니까?

15

숫자 카드 3장을 뽑아 분모가 6인 대분수를 만들 때 $\frac{23}{6}$ 보다 작은 대분수는 모두 몇 가지입니까?

16

옳지 않은 것의 번호를 쓰시오.

① 0.07은 0.01이 7개입니다.

② 0.62는 0.01이 62개입니다.

③ 0.01이 39개인 수는 0.39입니다.

④ 0.01이 7개, 0.1이 2개인 수는 0.27입니다.

⑤ 1이 9개, $\frac{1}{100}$ 이 76개인 수는 9.076입니다.

17

옳지 않은 것을 모두 찾으시오.

① 9의 $\frac{1}{10}$ 배는 0.9입니다.

② 7의 $\frac{1}{100}$ 배는 0.07입니다.

③ 85.3의 $\frac{1}{10}$ 배는 8.53입니다.

④ 95.6의 $\frac{1}{100}$ 배는 9.56입니다.

⑤ 256의 $\frac{1}{1000}$ 배는 2.56입니다.

18

㉠이 나타내는 수는 ㉡이 나타내는 수의 몇 배입니까?

$$5\ 7\ .\ 1\ 2\ 7$$
$$\uparrow\qquad\uparrow$$
$$㉠\qquad㉡$$

19

0을 생략할 수 있는 소수를 찾아 0을 생략하여 나타내시오.

① 0.50   ② 0.09

③ 0.340   ④ 71.450

20

작은 수부터 차례로 쓰시오.

1.96, 2.68, 2.13, 2.52, 2.47

21

1이 8개이고, 0.001이 6개인 소수보다 큰 수 중에서 8.01보다 작은 소수 세 자리 수 는 몇 개입니까?

22

□에 들어갈 수 있는 숫자를 모두 쓰시오.

$$23.\boxed{}21 > 23.69$$

23

㉠, ㉡에 알맞은 숫자를 차례로 쓰시오.

$$6\boxed{㉠}.968 < 61.9\boxed{㉡}6 < 61.914$$

24

일정한 규칙으로 수를 쓴 것입니다. 빈칸에 알맞은 수를 쓰시오.

3.5	—		—	3.6	—	
	—	3.7	—			

25

마라톤 선수들을 위해 음료수 대를 설치하려고 합니다. 반환점으로부터 0.16 km인 구간부터 0.18 km인 구간까지 똑같이 5구간으로 나누어 음료수 대를 설치하려고 합니다. 음료수 대의 위치를 소수로 나타내시오.

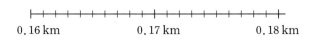

26

다음과 같은 모양으로 성냥개비를 늘어놓아 정사각형을 만들고 있습니다. 정사각형을 20개 만드는 데 필요한 성냥개비는 몇 개입니까?

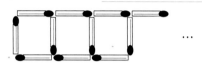

27

다음과 같은 규칙에 따라 바둑돌을 늘어놓았습니다. 흰 돌이 32개 놓였을 때, 가운데에 놓여진 검은 돌은 모두 몇 개입니까?

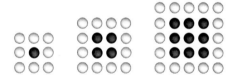

28

다음과 같이 바둑돌을 규칙적으로 늘어놓았습니다. 60째 번에는 어떤 색 바둑돌을 놓아야 합니까?

29

무늬만들기의 방법으로 알맞은 것을 찾아보시오.

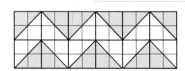

① 밀기   ② 뒤집기
③ 90° 돌리기   ④ 180° 돌리기
⑤ 270° 돌리기

2000제
꿀꺽
문제
은행
수학

2000제 편찬위원회 편저

정답 및 해설

4-1
하권

수학은국격

5. 혼합 계산

p. 6

01. $38-19+12$

02. $38-19=19$ 답 19명

03. $19+12=31$ 답 31명

04. $35+12-20$
  (with brackets: ① under 35+12, ② under the result)

05. $90-15+23$
  (with brackets: ① under 90-15, ② under the result)

06. 51, 9, 9

07. 49, 24, 24

08. 62, 26, 26

09. 29

10. 59

p. 7

11. 26, 34, 34

12. 15, 21, 21

13. 7, 17, 17

14. $32+7=39$ ←답

15. $13+20=33$ ←답

16. $38+16=54$ ←답

17. $78+44=122$ ←답

18. 20, 7, 22

19. 52, 38, 54

20. 33, 45, 19

21. 39, 71, 26

22. $28+54-32=82-32=50$ ←답

23. $111-24-15=87-15=72$ ←답

p. 8

24. $14+24-17=38-17=21$ ←답

25. $36+23-37=59-37=22$ ←답

26. $6+21-15=27-15=12$ ←답

27. ㉮ $13+7=20$
   ㉯ $72-32-21=40-21=19$
        답 >

28. ㉮ $70-7-19=63-19=44$
   ㉯ $26+25=51$ 답 <

29. $65+\boxed{}=141$,
   $\boxed{}=141-65=76$ ←답

30. $34+\boxed{}-30=19$, $4+\boxed{}=19$
   $\boxed{}=19-4=15$ ←답

31. 식 $52-15+17=54$ 답 54개

32. 식 $2000-700+300=1600$
        답 1600원

33. 식 $19+17-33=3$ 답 3명

34. 식 $20+19-16=23$ 답 23명

p. 9

01. $72\div8=9$ 답 9모둠

02. $9\times10=90$ 답 90개

03. $72\div8\times10=90$

04. $5\times12\div10$
  (with brackets: ① under 5×12, ② under result)

05. $32\div4\times5$
  (with brackets: ① under 32÷4, ② under result)

06. 84, 21

07. 90, 10, 9

08. 16, 4

09. 100, 25

10. $240\div16=15$ ←답

11. $180\div12=15$ ←답

p. 10

12. $96\div4=24$ ←답

13. $144\div12=12$ ←답

14. $120\div6=20$ ←답

15. 2, 7, 14

16. 6, 9, 54

17. 5, 25

18. 10, 70

19. $12\times3=36$ ←답

20. $16\times6=96$ ←답

21. $15\times8=120$ ←답

22. $24\times4=96$ ←답

23. $12\times5=60$ ←답

24. $72\div8\times6=9\times6=54$
   $72\times6\div8=432\div8=54$ 답 =

25. $24\div6\times7=4\times7=28$
   $24\times8\div6=192\div6=32$ 답 <

p. 11

26. 24, 240, 1200

27. 9, 90, 30

28. $4\times3\times4=12\times4=48$ ←답

29. $8\times5\times4=40\times4=160$ ←답

30. $90\div9\times7=10\times7=70$ ←답

31. $135\div9\times7=15\times7=105$ ←답

32. $120\div8\times5=15\times5=75$ ←답

33. 식 $48\div8\times4=24$ 답 24개
해설 $48\div8\times4=6\times4=24$

34. 식 $12\times7\div4=21$ 답 21자루
해설 $12\times7\div4=84\div4=21$

35. 식 $150\div10\times10000=150000$
        답 150000원
해설 $150\div10\times10000=15\times10000$
        $=150000$

36. 식 $64\times6\div12=32$ 답 32개
해설 $64\times6\div12=384\div12=32$

p. 12

01. $500+280=780$ 답 780원

02. $1000-780=220$ 답 220원

03. $1000-(500+280)=220$

—1—

04.
$56-(10+22)$
①
②

05.
$77-(30+20)$
①
②

06. 15, 27

07. 91, 59

08. 18, 29

09. $36-29=7$ ←답

10. $50-23=27$ ←답

11. $70-15=55$ ←답

p. 13

12. $52+34-17=86-17=69$
$52+(34-17)=52+17=69$
답 =

13. $138-47+55=91+55=146$
$138-(47+55)=138-102=36$
답 >

14. $174-82-58=92-58=34$
$174-(82-58)=174-24=150$
답 <

15. 식 $1000-(250+550)=200$
답 200원
해설 $1000-(250+550)=1000-800$
$=200$

16. 식 $2000-(1000+450)=550$
답 550원
해설 $2000-(1000+450)=2000-1450$
$=550$

17. $4×6=24$ 답 24개

18. $72÷24=3$ 답 3시간

19. $72÷(4×6)=3$

20.
$64÷(2×4)$
①
②

21.
$15×(24÷8)$
①
②

p. 14

22. 6, 7

23. 24, 3, 8

24. 2, 144

25. $53×3=159$ ←답

26. $15×13=195$ ←답

27. $30×3=90$ ←답

28. $45÷15=3$ ←답

29. $72÷36=2$ ←답

30. $100÷25=4$ ←답

31. $24÷(2×3)=24÷6=4$
$24÷2×3=12×3=36$ 답 <

32. $72÷(12÷3)=72÷4=18$
$72÷12÷3=6÷3=2$ 답 >

33. 식 $48÷(4×3)=4$ 답 4장

34. 식 $90÷(6×5)=3$ 답 3시간

p. 15

01.
$27×(20+5)$
①
②

02.
$(30-17)×10$
①
②

03. $12×2=24$ ←답

04. $5×30=150$ ←답

05. $42×20=840$ ←답

06. $25×8=200$ ←답

07. ① $35×4=140$
② $420-8=412$ 답 ×

08. 식 $(7+15)×4=88$ 답 88개
해설 $(7+15)×4=22×4=88$

09.
$75÷(30-5)$
①
②

10.
$(63+17)÷8$
①
②

11. $20÷2=10$ ←답

12. $96÷16=6$ ←답

13. $112÷16=7$ ←답

p. 16

14. $108÷12=9$ ←답

15. ① $120÷5=24$
② $80+8=88$ 답 ×

16. 식 $(1700-1100)÷4=150$
답 150 g
해설 (사탕 10개와 상자의 무게)=1700 g
(사탕 6개와 상자의 무게)=1100 g
(사탕 4개의 무게)=1700-1100
(사탕 1개의 무게)
$=(1700-1100)÷4=600÷4=150$

17.
$(13+47)÷(15÷3)$
① ②
③

18.
$(15+27)×(50-44)$
① ②
③

19. $26×4=104$ ←답

20. $15×50=750$ ←답

21. $180×2=360$ ←답

22. $45÷5=9$ ←답

23. $120÷20=6$ ←답

24. $120÷12=10$ ←답

25. $100÷20=5$ ←답

p. 17

01. ②
해설 ① 37 ② 91 ③ 52 ④ 25

02. ②, ④ [① 31 ③ 29]

03. ④
해설 ① $80-59=21$ ② $96-11=85$
③ $73-26=47$ ④ $45-26=19$

04. 75
해설 ① 21 ② 40 ③ 12 ④ 2

05. ③, ②, ①
해설 ① 4 ② 8 ③ 20

06. ②, ⑤
해설 ② $72÷12=6$ ⑤ $96÷12=8$

07. ①, ③
해설 ② $95-26=69$ ④ $625÷5=125$

08. (1) $50×12=600$ ←답
(2) $16×70=1120$ ←답
(3) $90÷15=6$ ←답

(4) $225 \div 15 = 15 \leftarrow$ ㉯

09. (1) $15 \times 8 = 120 \leftarrow$ ㉯

(2) $45 \div 15 = 3 \leftarrow$ ㉯

(3) $160 \div 8 = 20 \leftarrow$ ㉯

(4) $60 \div 12 = 5 \leftarrow$ ㉯

p. 18

10. $+, -$ 〔$25 + 11 - 9 = 27$〕

11. $\div, \div$

해설 $96 \div 12 \times 10 \div 5 = 8 \times 10 \div 5$
$= 80 \div 5 = 16$

12. $18 \div (12 \div 4) \times 2 = 12$

해설 $18 \div 3 \times 2 = 6 \times 2 = 12$

13. 33

해설 ① $(32 + \boxed{}) = ★$ 라 하면
$85 - ★ = 20$에서
$★ = 85 - 20 = 65$
② $32 + \boxed{} = 65$에서
$\boxed{} = 65 - 32 = 33$

14. ㉐ $19 + 16 - 24 = 11$ ㉯ 11명

해설 $19 + 16 - 24 = 35 - 24 = 11$

15. ㉐ $650 + 750 - 830 = 570$
㉯ 570개

해설 $650 + 750 - 830 = 1400 - 830 = 570$

16. ㉐ $42 - 29 + 16 = 29$ ㉯ 29명

해설 $42 - 29 + 16 = 13 + 16 = 29$

17. ㉐ $60 \times 2 \div 8 = 15$ ㉯ 15개

해설 $60 \times 2 \div 8 = 120 \div 8 = 15$

18. ㉐ $6 \times 12 \div 8 = 9$ ㉯ 9자루

해설 $6 \times 12 \div 8 = 72 \div 8 = 9$

p. 19

01. 25

해설 ① $(50 \div \boxed{}) = ★$ 라 하면
$100 \times ★ = 200$에서 $★ = 2$
② $50 \div \boxed{} = 2$에서 $\boxed{} = 25$

02. $<$

해설 $50 - (4 + 6) = 50 - 10 = 40$
$50 - 4 + 6 = 46 + 6 = 52$

03. $>$

해설 $72 \div 4 \times 6 = 18 \times 6 = 108$
$72 \div (4 \times 6) = 72 \div 24 = 3$

04. ①, ③, ⑤

해설 ① 19 ③ 13 ⑤ 25
② $25 - (9 - 6) = 25 - 3 = 22$
$25 - 9 - 6 = 16 - 6 = 10$
④ $36 - (5 + 6) = 36 - 11 = 25$
$36 - 5 + 6 = 31 + 6 = 37$

05. ①, ②, ⑤

해설 ① 50 ② 70 ⑤ 600
③ $100 \div (20 \div 5) = 100 \div 4 = 25$
$100 \div 20 \div 5 = 5 \div 5 = 1$
④ $200 \div (10 \times 4) = 200 \div 40 = 5$
$200 \div 10 \times 4 = 20 \times 4 = 80$

06. $75 - (35 + 15) + 21 = 46$

해설 $75 - 50 + 21 = 25 + 21 = 46$

07. $144 \times 20 \div (40 \times 9) = 8$

해설 $144 \times 20 \div 360 = 2880 \div 360 = 8$

08. ④

해설 ① $12 \times 4 = 48$ ② $72 \div 24 = 3$
③ $432 \div 4 = 108$ ④ $72 \times 2 = 144$

09. ②

해설 ① $13 \times 11 = 143$ ② $15 \times 10 = 150$
③ $14 \times 10 = 140$ ④ $9 \times 15 = 135$

10. ①

해설 ① $27 \div 9 = 3$ ② $60 \div 12 = 5$
③ $200 \div 40 = 5$ ④ $96 \div 12 = 8$

p. 20

11. ④, ③, ①, ②

해설 ① $92 \div 4 = 23$ ② $40 \div 8 = 5$
③ $6 \times 15 = 90$ ④ $10 \times 15 = 150$

12. ㉐ $160 \div (40 \div 4) = 16$ ㉯ 16장

해설 $160 \div 10 = 16$

13. ㉐ $210 \div (5 \times 7) = 6$ ㉯ 6개

해설 $210 \div 35 = 6$

14. ㉐ $(36 \div 4) \times 10 = 90$ ㉯ 90개

해설 $9 \times 10 = 90$

15. ㉐ $56 - (20 + 12) = 24$ ㉯ 24통

해설 $56 - 32 = 24$

16. ㉐ $2000 - (750 + 600) = 650$
㉯ 650원

해설 $2000 - 1350 = 650$

17. ㉐ $(27 - 12) \times 3 = 45$ ㉯ 45살

해설 $15 \times 3 = 45$

18. ㉐ $(1925 - 925) \div 8 = 125$
㉯ 125 g

해설 $1000 \div 8 = 125$

p. 21

01. $34 - (5 \times 6) = 4$ ㉯ 4명

02. $4 + 3 = 7$ ㉯ 7명

03. $34 - 5 \times 6 + 3 = 7$

04. $64 - 3 \times 8 + 7$

05. $41 + 9 \times 3 - 5$

06. ① 24 ② 96 ③ 96

07. 54, 92

08. $29 + 15 = 44 \leftarrow$ ㉯

09. $45 + 30 = 75 \leftarrow$ ㉯

10. ① 10 ② 35 ③ 35

p. 22

11. 35, 57

12. $50 - 17 = 23 \leftarrow$ ㉯

13. $81 - 42 = 39 \leftarrow$ ㉯

14. ① 21 ② 41 ③ 28 ④ 28

15. ① 48 ② 30 ③ 5 ④ 5

16. ① 28 ② 26 ③ 33

17. ① 45 ② 27 ③ 37

18. 45, 75, 65

19. 15, 14, 54

20. 24, 40, 49

21. $30 + 36 - 27 = 66 - 27 = 39 \leftarrow$ ㉯

22. $24 - 6 + 15 = 18 + 15 = 33 \leftarrow$ ㉯

p. 23

23. $99 + 34 - 56 = 133 - 56 = 77 \leftarrow$ ㉯

24. $54 - 28 + 7 = 33 \leftarrow$ ㉯

25. $120 - 51 - 24 = 69 - 24 = 45 \leftarrow$ ㉯

26. $48 + 50 = 98 \leftarrow$ ㉯

27. $45 - 22 = 23 \leftarrow$ ㉯

28. $85 - 64 = 21 \leftarrow$ ㉯

29. $120-55+28=65+28=93$ ←답

30. 7

해설 ① $9\times\boxed{}=★$라 하면
　　　$10+★=73$에서
　　　$★=73-10=63$
　　② $9\times\boxed{}=63$에서
　　　$\boxed{}=63\div9=7$

31. 46

해설 $15+\boxed{}-42=19$
　　① $\boxed{}-42=★$라 하면
　　　$15+★=19,\ ★=19-15=4$
　　② $\boxed{}-42=4$
　　　$\boxed{}=4+42=46$

32. 40

해설 $\boxed{}-35+10=15$
　　① $\boxed{}-35=★$라 하면
　　　$★+10=15,\ ★=15-10=5$
　　② $\boxed{}-35=5$이므로
　　　$\boxed{}=5+35=40$

33. ⒮ $19-4\times3+13=20$　답 20명

해설 $19-12+13=7+13=20$

34. ⒮ $2000-200\times8+500=900$
　　　　　　　　답 900원

해설 $2000-1600+500=400+500=900$
　　연필 8자루의 값 ⇒
　　　　　　$200\times8=1600$(원)
　　남은 돈 ⇒ $2000-1600=400$(원)
　　공책 값 ⇒ $400+500=900$(원)

35. ⒮ $3000-350\times6+1000$
　　　$=1900$　　답 1900원

해설 $3000-2100+1000=900+1000$
　　　　　　　　$=1900$
　　공책 6권의 값 ⇒
　　　　　　$350\times6=2100$(원)
　　남은 돈 ⇒ $3000-2100=900$(원)
　　필통 값 ⇒ $900+1000=1900$(원)

p. 24

01. $50+(90\div2)=95$　　답 95개

02. $95-65=30$　　답 30개

03. $50+90\div2-65=30$

04. $5+20\div4-9$

---

05. $24-36\div4+7$

06. ① 14 ② 97 ③ 97

07. 3, 15

08. $36+20=56$ ←답

09. $15+12=27$ ←답

10. ① 8 ② 24 ③ 24

p. 25

11. 14, 69

12. $75-12=63$ ←답

13. $75-10=65$ ←답

14. ① 7 ② 97 ③ 72 ④ 72

15. 6, 18, 65

16. 10 〔$15+5-10=20-10=10$〕

17. 85 〔$150+15-80=165-80=85$〕

18. 31 〔$23-12+20=11+20=31$〕

19. 128
　　〔$20+120-12=140-12=128$〕

20. 110 〔$90-5+25=85+25=110$〕

21. 18 〔$29+7-18=36-18=18$〕

22. ① 7 ② 65 ③ 72 ④ 72

23. 40 〔$72-37+5=35+5=40$〕

24. 74 〔$100-35+9=65+9=74$〕

25. 150 〔$75+80-5=155-5=150$〕

p. 26

26. ① 5 ② 8 ③ 13 ④ 13

27. 12 〔$19-49\div7=19-7=12$〕

28. 31 〔$36-14+9=22+9=31$〕

29. 20 〔$5+21-6=26-6=20$〕

30. 84

해설 ① $\boxed{}\div6=★$라 하면
　　　$73-★=59,\ ★=73-59=14$
　　② $\boxed{}\div6=14,$
　　　$\boxed{}=14\times6=84$

31. 6

해설 ① $72\div\boxed{}=★$라 하면
　　　$80+★-45=47,\ 35+★=47$

　　　$★=47-35=12$
　　② $72\div\boxed{}=12$이므로
　　　$\boxed{}=72\div12=6$

32. 100

해설 ① $\boxed{}\div10=★$라고 하면
　　　$55\div5+★=21,\ 11+★=21$
　　　$★=21-11=10$
　　② $\boxed{}\div10=10$이므로
　　　$\boxed{}=10\times10=100$

33. ⒮ $25+64\div4-20=21$
　　　　　　　　답 21마리

해설 $25+16-20=41-20=21$

34. ⒮ $12\div6+9\div3=5$　답 5모둠

해설 $12\div6+9\div3=2+9\div3=2+3=5$
　　여학생 ⇒ $12\div6=2$(모둠)
　　남학생 ⇒ $9\div3=3$(모둠)

35. ⒮ $1000\div5+600\div4=350$
　　　　　　　　답 350원

해설 $1000\div5+600\div4=200+600\div4$
　　　　　　$=200+150=350$
　　공책 값 ⇒ $1000\div5=200$(원)
　　지우개 값 ⇒ $600\div4=150$(원)

36. ⒮ $3600\div4-5670\div7=90$
　　　　　　　　답 90원

해설 $900-810=90$

p. 27

01. $40\times5-72\div3+15$

02. $24+54\div9-5\times3$

03. ① 12 ② 2 ③ 52 ④ 61

04. ① 28 ② 14 ③ 73 ④ 218

05. 60, 9, 66, 9, 57

06. 6, 1, 8, 10

07. 8 〔$9-2\times3+5=9-6+5=8$〕

08. 191 〔$200-24+15=191$〕

09. 86

$[80-24\div12+8=80-2+8=86]$

10. 49

$[45+8\times3-20=45+24-20=49]$

11. 36

$[77+7\times2-55=77+14-55=36]$

12. 24

$[12+51\div3-5=12+17-5=24]$

13. 29

$[30+72\div8-10=30+9-10=29]$

14. 34 $[70-45+18\div2=25+9=34]$

15. 25 $[100-80+40\div8=20+5=25]$

16. 17 $[25+7-3\times5=32-15=17]$

17. 13 $[45+8-40=13]$

18. 47 $[50+9-4\times3=59-12=47]$

19. 30

해설 $56+\square\div5=62$

① $\square\div5=\bigstar$라 하면

$56+\bigstar=62$, $\bigstar=62-56=6$

② $\square\div5=6$, $\square=6\times5=30$

20. 9

해설 $200-72\div\square+16=208$

① $72\div\square=\bigstar$라 하면

$200-\bigstar+16=208$,

$216-\bigstar=208$

$\bigstar=216-208=8$

② $72\div\square=8$, $\square=72\div9=9$

21. 5

해설 ① $4\times\square+25-15=30$

$4\times\square+10=30$

② $4\times\square=\bigstar$라 하면

$\bigstar+10=30$, $\bigstar=30-10=20$

③ $4\times\square=20$, $\square=20\div4=5$

22. 식 $140\div7+8\times3-35=9$ 답 9개

해설 $20+24-35=44-35=9$

현배 ⇒ $140\div7=20$(개)

경수 ⇒ $8\times3=24$(개)

23. 식 $27+120\div6-8\times5=7$ 답 7장

해설 $27+20-40=7$

인철 ⇒ $120\div6=20$(장)

명수 ⇒ $8\times5=40$(장)

01. $20\times\{(6-1)+5\}\div2$

02. $77-\{8\times(11-5)+3\}$

03. ① 54 ② 56 ③ 14 ④ 36

⑤ 36

04. ① 14 ② 6 ③ 18 ④ 9 ⑤ 9

05. 1, 2, 2, 4, 6

06. 17, 51, 51, 4, 47

07. $32-\{8\times2\}=32-16=16$ ← 답

08. $30-\{5\times4\}=30-20=10$ ← 답

09. $6\times\{22-5\times4\}=6\times\{22-20\}$

$=6\times2=12$ ← 답

10. $80-\{4\times9-2\}=80-\{36-2\}$

$=80-34=46$ ← 답

11. $54+\{36\div4-5\}=54+\{9-5\}$

$=54+4=58$ ← 답

12. $71-\{20\times4\div8\}=71-\{80\div8\}$

$=71-10$

$=61$ ← 답

13. $\{27+42\div6\}\times2=\{27+7\}\times2$

$=34\times2=68$ ← 답

14. ㉮ $36\div\{12\times2-6\}=36\div\{24-6\}$

$=36\div18=2$

㉯ $\{84\div14+4\}\div5=\{6+4\}\div5$

$=10\div5=2$

답 $=$

15. ㉮ $5\times\{3+5\}=5\times8=40$

㉯ $75\div\{12\times6-57\}$

$=75\div\{72-57\}=75\div15=5$

답 $>$

16. $\{42\div7+31\}-\square=12$

$\{6+31\}-\square=12$,

$37-\square=12$

따라서, $\square=37-12=25$ ← 답

17. $\{160\div8-16\}\times\square=24$

$\{20-16\}\times\square=24$,

$4\times\square=24$

따라서, $\square=24\div4=6$ ← 답

18. $\{\square-(8+12)\}\div10=8$

$\{\square-20\}\div10=8$

① $\{\square-20\}=\bigstar$라 하면

$\bigstar\div10=8$, $\bigstar=8\times10=80$

② $\square-20=80$,

$\square=80+20=100$ ← 답

19. 식 $\{(33+27)\times3-10\}\div5=34$

답 34명

해설 $\{60\times3-10\}\div5=\{180-10\}\div5$

$=170\div5=34$

20. 식 $\{(24+16)\times2+13\}\div3=31$

답 31개

해설 $\{40\times2+13\}\div3=\{80+13\}\div3$

$=93\div3=31$

21. 식 $\{10000-(600\times3+6100)\}\div7$

$=300$ 답 300원

해설 $\{10000-(1800+6100)\}\div7$

$=\{10000-7900\}\div7=2100\div7$

$=300$

01. ②, ③, ④, ⑤, ①

02. ⑤, ④, ③, ②, ①

03. ①, ②, ③, ⑤, ④

04. ① 36 ② 9 ③ 68 ④ 122

⑤ 95 ⑥ 95

05. ① 10 ② 30 ③ 50 ④ 10

⑤ 29 ⑥ 29

06. 10, 30, 50, 10, 6

07. 16, 8, 80, 110

08. 7, 35, 17, 5, 65

09. $\{14\times15+30\}\div10-20$

$=\{210+30\}\div10-20$

$=240\div10-20$

$=24-20=4$ ← 답

10. $\{40 \div 4 - 5\} \times 20 + 50$
$= \{10 - 5\} \times 20 + 50 = 5 \times 20 + 50$
$= 100 + 50 = 150 \leftarrow$ ㉱

11. $90 - 100 \div \{7 \times 8 - 31\}$
$= 90 - 100 \div \{56 - 31\}$
$= 90 - 100 \div 25 = 90 - 4$
$= 86 \leftarrow$ ㉱

12. $60 - \{400 \div 20 + 10\}$
$= 60 - \{20 + 10\}$
$= 60 - 30 = 30 \leftarrow$ ㉱

13. $10 \times \{40 \div 5 - 3\} + 19$
$= 10 \times \{8 - 3\} + 19 = 10 \times 5 + 19$
$= 50 + 19 = 69 \leftarrow$ ㉱

14. $500 - \{10 \times 5 - 4\} + 3$
$= 500 - \{50 - 4\} + 3$
$= 500 - 46 + 3 = 457 \leftarrow$ ㉱

15. $60 + 4 \times \{16 - 11\} \div 5$
$= 60 + 4 \times 5 \div 5 = 60 + 4 = 64 \leftarrow$ ㉱

16. $\{7 + 5\} \div 4 \times 5 + 15 = 12 \div 4 \times 5 + 15$
$= 3 \times 5 + 15 = 15 + 15 = 30 \leftarrow$ ㉱

17. $25 + \{3 \times 4 - 30 \div 5\} + 4$
$= 25 + \{12 - 6\} + 4$
$= 25 + 6 + 4 = 35 \leftarrow$ ㉱

18. $27 + 9 \times \{26 - 6\} \div 2$
$= 27 + 9 \times 20 \div 2 = 27 + 180 \div 2$
$= 27 + 90 = 117 \leftarrow$ ㉱

19. $67 + \{42 \div 6 + 44\} - 45$
$= 67 + \{7 + 44\} - 45 = 67 + 51 - 45$
$= 73 \leftarrow$ ㉱

20. $29 \times \{30 - (8 + 12)\} \div 10$
$= 29 \times \{30 - 20\} \div 10$
$= 29 \times 10 \div 10 = 29 \leftarrow$ ㉱

21. $100 - 75 \div \{7 \times 5 - 10\} + 4$
$= 100 - 75 \div \{35 - 10\} + 4$
$= 100 - 75 \div 25 + 4 = 100 - 3 + 4$
$= 101 \leftarrow$ ㉱

22. $35 + 10 \times \{84 \div 14 + 4\} \div 5$
$= 35 + 10 \times \{6 + 4\} \div 5$
$= 35 + 10 \times 10 \div 5$
$= 35 + 100 \div 5 = 35 + 20 = 55 \leftarrow$ ㉱

23. $27 + \{24 \times 20 \div 8\} - 30$
$= 27 + \{480 \div 8\} - 30 = 27 + 60 - 30$
$= 87 - 30 = 57 \leftarrow$ ㉱

24. $56 - 8 - \{24 \div 3 - 2 \times 2\}$
$= 48 - \{8 - 4\}$
$= 48 - 4 = 44 \leftarrow$ ㉱

25. $38 \div 2 \times \{40 - 13 - 7\} \div 5$
$= 19 \times 20 \div 5 = 76 \leftarrow$ ㉱

26. $44 \div 4 \times \{66 - 15 - 9\} \div 6$

$= 11 \times 42 \div 6 = 462 \div 6 = 77 \leftarrow$ ㉱

27. $32 \div 2 \times \{50 - 13 - 5\} \div 8$
$= 32 \div 2 \times 32 \div 8 = 16 \times 32 \div 8$
$= 64 \leftarrow$ ㉱

p. 33

28. $78 - 8 = \{15 - 2 \times 7\}$
$= 70 - \{15 - 14\} = 69 \leftarrow$ ㉱

29. $350 - 4 - \{12 \div 3 + 2 \times 8\}$
$= 346 - \{4 + 16\} = 346 - 20$
$= 326 \leftarrow$ ㉱

30. $90 - 16 - \{60 \div 4 - 2 \times 7\}$
$= 90 - 16 - \{15 - 14\}$
$= 74 - 1 = 73 \leftarrow$ ㉱

31. $100 - 10 - \{30 \div 2 - 2 \times 5\}$
$= 100 - 10 - \{15 - 10\}$
$= 100 - 10 - 5 = 85 \leftarrow$ ㉱

32. $\{(82 - 7) \div 5 - 10\} = \{75 \div 5 - 10\}$
$\qquad\qquad = \{15 - 10\}$
$\qquad\qquad = 5 \leftarrow$ ㉱

33. ㉮ $90 - 75 \div \{6 \times 6 - 11\}$
$\qquad = 90 - 75 \div \{36 - 11\}$
$\qquad = 90 - 75 \div 25$
$\qquad = 90 - 3 = 87$
㉯ $80 - 75 \div \{14 \div 7 + 3\} + 5$
$\qquad = 80 - 75 \div \{2 + 3\} + 5$
$\qquad = 80 - 75 \div 5 + 5 = 80 - 15 + 5$
$\qquad = 65 + 5 = 70$
따라서, $87 - 70 = 17 \leftarrow$ ㉱

34. 103
해설 ① $\{(\square + 22) \div 5 - 15\} = \bigstar$
라 하면
$\bigstar \times 7 + 12 = 82$
$\bigstar \times 7 = 70$
$\bigstar = 10$
② $(\square + 22) \div 5 - 15 = 10$
$(\square + 22) \div 5 = 25$
$(\square + 22) = 25 \times 5 = 125$
$\square = 125 - 22 = 103$

35. ㉲ $10000 - (500 \times 5 + 150 \times 14)$
$= 5400$ ㉱ 5400원
해설 사과 5개 ⇒ $500 \times 5 = 2500$(원)
토마토 14개 ⇒
$\qquad\qquad 150 \times 14 = 2100$(원)
거스름돈 ⇒ $10000 - 2500 - 2100$
$\qquad\qquad = 5400$(원)

36. ㉲ $12 \times 3 \div 2 - 3 = 15$ ㉱ 15개
해설 $36 \div 2 - 3 = 18 - 3 = 15$

37. ㉲ $650 - (1025 - 650) \div 5 \times 8$
$\qquad = 50$ ㉱ 50 g
해설 비누 5개 ⇒ $1025 - 650 = 375$(g)
비누 1개 ⇒ $375 \div 5 = 75$(g)
비누 8개 ⇒ $75 \times 8 = 600$(g)
상자의 무게 ⇒ $650 - 600 = 50$(g)

38. ㉲ $2950 - (4450 - 2950) \div 6 \times 10$
$\qquad = 450$ ㉱ 450 g
해설 물병 6개 ⇒ $4450 - 2950 = 1500$(g)
물병 1개 ⇒ $1500 \div 6 = 250$(g)
물병 10개 ⇒ $250 \times 10 = 2500$(g)
상자의 무게 ⇒
$2950 - 2500 = 450$(g)

p. 34

01. 21, 59, 99

02. 15 $[12 + 3 = 15]$

03. 1 $[8 - 7 = 1]$

04. 56, 1, 11

05. 127 $[70 + 60 - 3 = 127]$

06. 60 $[8 + 35 + 27 - 10 = 60]$

07. ㉲ $16 \times 20 + 9 = 329$ ㉱ 329개

08. ㉲ $12 \times 60 - 40 \times 15 = 120$
㉱ 120자루

09. ㉲ $600 + 3000 \div 5 = 1200$
㉱ 1200원

10. ㉲ $(236 + 348) \div 8 = 73$ ㉱ 73개

11. 85, 9, 76

12. 71 $[78 - 7 = 71]$

13. 40 $[5 + 35 = 40]$

14. 56, 56, 9, 14, 9, 23

15. 8 $[40 - 35 + 3 = 8]$

16. 107 $[220 - 120 + 7 = 107]$

p. 35

17. 19 $[43 + 8 - 32 = 19]$

18. 23 $[15 + 20 - 4 \times 3 = 35 - 12 = 23]$

19. 23 $[72 + 7 - 56 = 23]$

20. ㉲ $200 \times 5 + 2000 \div 5 = 1400$
㉱ 1400원

해설 연필 5자루 ⇒ $200 \times 5 = 1000$(원)

공책 1권 ⇒ $2000 \div 5 = 400$(원)

21.
$$20 + \underbrace{(40-15)}_{25} \times 3 = 95$$
$$\underbrace{25 \times 3}_{75}$$
$$\underbrace{20 + 75}_{95}$$

22. 16, 9, 54

23. 32 [$30 + 16 \div 8 = 30 + 2 = 32$]

24. 176 [$16 \times 11 = 176$]

25.
$$40 \times 6 - 450 \div (3 \times 5) = 210$$
$$\underbrace{240}\qquad\underbrace{15}$$
$$\underbrace{450 \div 15}_{30}$$
$$\underbrace{240 - 30}_{210}$$

26. 32 [$19 + 24 - 11 = 32$]

27. 54 [$90 - 54 \div 6 \times 4 = 90 - 9 \times 4$
$= 90 - 36 = 54$]

28. 31 [$4 \times 5 + 11 = 20 + 11 = 31$]

29. 88 [$130 - 7 \times 6 = 130 - 42 = 88$]

30. 63 [$27 + (9 \times 3 - 15) \times 3$
$= 27 + 12 \times 3 = 27 + 36 = 63$]

31. 심 $(20 + 16) \div 4 = 9$ 답 9모둠

32. 심 $(250 - 8 \times 8) \div 2 = 93$ 답 93개

p. 36

33.
$$65 \div \{(4-3) \times 5\} + 9 = 22$$
$$\underbrace{1}$$
$$\underbrace{1 \times 5}_{5}$$
$$\underbrace{65 \div 5}_{13}$$
$$\underbrace{13 + 9}_{22}$$

34. 11, 66, 22, 48

35. 12 [$\{150 - 15 \times 6\} \div 5$
$= \{150 - 90\} \div 5 = 60 \div 5 = 12$]

36. 16 [$\{(84 \div 21 + 36) - 24$
$= \{4 + 36\} - 24 = 40 - 24 = 16$]

37. 85 [$\{(12 \times 4 - 35) + 72$
$= \{48 - 35\} + 72$
$= 13 + 72 = 85$]

38. 8, 11, 4, 43, 157

39. 208 [$37 + 19 \times (19 - 10)$
$= 37 + 19 \times 9$
$= 37 + 171 = 208$]

40. 55 [$75 - \{400 \div 40 + 10\}$
$= 75 - \{10 + 10\} = 55$]

41. 16
해설 $92 \div \{4 \times 8 - 9\} + 12$
$= 92 \div \{32 - 9\} + 12 = 92 \div 23 + 12$
$= 4 + 12 = 16$

42. 87 [$90 - 75 \div \{6 \times 6 - 11\}$
$= 90 - 75 \div \{36 - 11\}$
$= 90 - 75 \div 25 = 90 - 3 = 87$]

43. >
해설 $25 + 7 \times 8 + 9 = 25 + 56 + 9 = 90$
$55 - 24 \div 3 = 55 - 8 = 47$

44. <
해설 $13 \times 2 + 72 \div 9 = 26 + 8 = 34$
$(70 - 14) \times 3 \div 4 = 56 \times 3 \div 4$
$= 168 \div 4 = 42$

45. <
해설 왼쪽 ⇒ $78 - \{5 \times 14 \div 7\}$
$= 78 - \{70 \div 7\}$
$= 78 - 10 = 68$
오른쪽 ⇒ $\{60 - 12 \times 2\} \times 2$
$= \{60 - 24\} \times 2 = 36 \times 2$
$= 72$

p. 37

01. ①, ③, ⑤

02. ③, ①, ②, ④, ⑤
해설 ① $96 \div 6 \times 4 = 16 \times 4 = 64$
② $384 \div 6 - 12 = 64 - 12 = 52$
③ $384 \div 6 + 1 = 65$
④ $72 - 24 = 48$
⑤ $8 + 24 = 32$

03. ①, ③, ⑤
해설 ① $3 + 32 - 25 = 10$
② $7 + 42 + 5 = 54$
③ $43 - (28 + 2) \div 5 = 43 - 30 \div 5$
$= 43 - 6 = 37$
④ $4 \times 20 \div 8 - 5 = 80 \div 8 - 5$
$= 10 - 5 = 5$
⑤ $\{39 \div 3 + 7\} \times 5 = \{13 + 7\} \times 5$
$= 20 \times 5 = 100$

04. ①, ③, ⑤

05. ①, ③

06. ③

07. ①, ②, ⑤

08. ①, ②, ④, ⑤
해설 ① $45 \to 27$ ② $34 \to 24$

③ $29 \to 59$ ④ $50 \to 24$
⑤ $42 \to 32$

p. 38

09. ②, ③
해설 ① $20 + 30 \times \{66 \div 3 - 20\}$
$= 20 + 30 \times \{22 - 20\}$
$= 20 + 30 \times 2$
$= 20 + 60 = 80$
② $30 + \{16 \div 2 - 3\} \times 16$
$= 30 + \{8 - 3\} \times 16 = 30 + 5 \times 16$
$= 30 + 80 = 110$
③ $10 + 30 \times \{30 \div 3 - 5\}$
$= 10 + 30 \times \{10 - 5\}$
$= 10 + 30 \times 5$
$= 10 + 150 = 160$
④ $\{14 \div 7 + 3\} \times 14 + 25$
$= \{2 + 3\} \times 14 + 25 = 5 \times 14 + 25$
$= 70 + 25 = 95$
⑤ $104 - 80 \div \{7 \times 5 - 19\}$
$= 104 - 80 \div \{35 - 19\}$
$= 104 - 80 \div 16 = 104 - 5 = 99$

10. ①, ②, ④
해설 ① 왼쪽 ⇒ $40 - 15 \div 3 = 40 - 5$
$= 35$
오른쪽 ⇒ $40 - 60 \div 12 = 40 - 5$
$= 35$
② 왼쪽 ⇒ $7 + 65 - 19 = 53$
오른쪽 ⇒ $24 + 17 - 7 = 34$
③ 왼쪽 ⇒ $95 - (8 - 3) = 95 - 5$
$= 90$
오른쪽 ⇒ $25 + 45 = 70$
④ 왼쪽 ⇒ $37 + 3 \times 4 = 37 + 12$
$= 49$
오른쪽 ⇒ $59 - 12 = 47$
⑤ 왼쪽 ⇒ $35 + 5 \times \{3 + 5\}$
$= 35 + 5 \times 8 = 35 + 40$
$= 75$
오른쪽 ⇒ $7 \times 25 = 175$

11. ⑥ [⑤ ⇒ ④ ⇒ ⑦ ⇒ ⑥ ⇒ ②
⇒ ① ⇒ ③]

12. ③, ⑤

13. 심 $100 \times 6 - 95 \times 5 = 125$
답 125포기
해설 $600 - 475 = 125$

14. 심 $3000 - 200 \times 6 - 400 = 1400$
답 1400원

— 7 —

해설 $3000-1200-400=1400$

15. 식 $39-4\times9+37-5\times7=5$

답 5명

해설 $39-36+37-35=5$

16. 식 $250\times5+500\times4-900$
$=2350$　　답 2350원

해설 $1250+2000-900=2350$

p. 39

17. 식 $6000-250\times4-250\times2\times8$
$=1000$　　답 1000원

해설 연필 4자루 ⇒ $250\times4=1000$(원)
공책 1권 ⇒ $250\times2=500$(원)
공책 8권 ⇒ $500\times8=4000$(원)
거스름돈 ⇒ $6000-1000-4000$
$=1000$(원)

18. 식 $574\div7+720\div10=154$

답 154쪽

해설 민기 ⇒ $574\div7=82$
인철 ⇒ $720\div10=72$

19. 식 $600+1350\div3\times2-900$
$=600$　　답 600원

해설 빵 1개 ⇒ $1350\div3=450$(원)
빵 2개 ⇒ $450\times2=900$(원)

20. 식 $100\div5+24\div3-3=25$

답 25 cm

21. 식 $300\div12\times3+240\div10\times4$
$=171$　　답 171 g

해설 연필 1자루 ⇒ $300\div12=25$(g)
연필 3자루 ⇒ $25\times3=75$(g)
지우개 1개 ⇒ $240\div10=24$(g)
지우개 4개 ⇒ $24\times4=96$(g)

22. 식 $576\div6+73-25\times4=69$

답 69개

해설 영진 ⇒ $576\div6=96$(개)
혜선 ⇒ $25\times4=100$(개)

23. 식 $12\times15-40\div5\times17=44$

답 44자루

해설 연필 15다스 ⇒
$12\times15=180$(자루)
모둠 수 ⇒ $40\div5=8$(모둠)
나누어 준 연필 ⇒
$8\times17=136$(자루)

24. 식 $10+7\times2+114\div6=43$

답 43장

p. 40

01. 56　$[14-6+8\times6=8+48=56]$
02. 22　$[2\times13-4=26-4=22]$
03. 5　$[75-7\times10=75-70=5]$
04. 34
해설 $40-\{12\times7\div14\}=40-\{84\div14\}$
$=40-6=34$
05. 262
해설 $\{63-7\times3\}\times5+52$
$=\{63-21\}\times5+52=42\times5+52$
$=210+52=262$
06. 56
해설 $75-95\div\{8\times5-35\}$
$=75-95\div\{40-35\}=75-95\div5$
$=75-19=56$
07. 176
해설 $160-\{8\times9\div3\}+40$
$=160-\{72\div3\}+40$
$=160-24+40=176$
08. 75
해설 $35+20\times\{84\div14+4\}\div5$
$=35+20\times\{6+4\}\div5$
$=35+20\times10\div5=35+200\div5$
$=35+40=75$
09. ②
10. ②
11. ①, ②, ③
해설 ① $9+35=44$
② $42\div7=6$
③ $5\times5=25$
④ $4+42-5=41$
⑤ $\{45\div3+2\}\times10=\{15+2\}\times10$
$=17\times10=170$
12. ①, ⑤, ③, ④, ②
해설 ① $72-8+3=67$
② $40+5-22=23$
③ $26\div2\times4=13\times4=52$
④ $3\times17-5=51-5=46$
⑤ $400-\{27\times6+5\}\times2$
$=400-\{162+5\}\times2$
$=400-167\times2=400-334=66$
13. ①, ③
해설 ① $15+(3\times10)=15+30=45$
$15+3\times10=15+30=45$
② $40-(25-10)=40-15=25$
$40-25-10=15-10=5$

③ $40\times(40\div8)=40\times5=200$
$40\times40\div8=1600\div8=200$
④ $9\times(8+12)\div6=9\times20\div6$
$=180\div6=30$
$9\times8+12\div6=72+2=74$
⑤ $100-\{7\times(8+4)\}\div4$
$=100-\{7\times12\}\div4$
$=100-84\div4=100-21=79$
$100-7\times8+4\div4$
$=100-56+1=45$

p. 41

14. ①, ④
해설 ② $20\div5$　　③ 2×5
⑤ $26-14$

15. ①, ②, ④
해설 ① $5\times10+17=50+17=67$
$5\times7+3+17=35+3+17=55$
② $10\times5-3=50-3=47$
$2+8\times5-3=2+40-3=39$
③ $60\div2+12=30+12=42$
$50+10\div2+12=50+5+12$
$=67$
④ $10\times10\div2=50$
$10\times4+6\div2=40+3=43$
⑤ $(4+8)\div2=12\div2=6$
$40\div10+8\div2=4+4=8$

16. 식 $30-5+7+10-9=33$

답 33명

17. 식 $12\times40\div30=16$　답 16자루
18. 식 $210\div(6\times7)=5$　답 5시간
19. 식 $450\times2+210\times3=1530$

답 1530원

20. 식 $16\times20-50\times4=120$

답 120송이

21. 식 $90\times5-4\times4=434$답 434 cm
해설 테이프 5개 ⇒ $90\times5=450$(cm)
겹친 부분 4개 ⇒ $4\times4=16$(cm)

p. 42

22. 식 $5000-19\times100-15\times200$
$=100$　　답 100 kg

— 8 —

23. ⓐ $1200\times2-930\div3=2090$

ⓑ 2090원

[해설] 공책 2권 ⇒ $1200\times2=2400(원)$

자 1개 ⇒ $930\div3=310(원)$

24. ⓐ $30+87\div3-40=19$

ⓑ 19개

[해설] 형 ⇒ $87\div3=29(개)$

동생과 형 ⇒ $30+29=59(개)$

25. ⓐ $700\times4+900\div2\times7$
$=5950$ ⓑ 5950 g

[해설] 배 4개 ⇒ $700\times4=2800(g)$

귤 1개 ⇒ $900\div2=450(g)$

귤 7개 ⇒ $450\times7=3150(g)$

26. ⓐ $5\times4+50-120\div10\times2=46$

ⓑ 46송이

[해설] 카네이션 4묶음 ⇒ 5×4
$=20(송이)$

어제 판 것 ⇒ $20+50=70(송이)$

국화 1묶음 ⇒ $120\div10$
$=12(송이)$

오늘 판 것 ⇒ $12\times2=24(송이)$

27. ⓐ $(12\times5)\div(42\div7)=10$

ⓑ 10자루

[해설] 5다스 ⇒ $12\times5=60(자루)$

모둠 수 ⇒ $42\div7=6(모둠)$

28. 490 g

[해설] 설탕 1봉지 ⇒ $960\div4=240(g)$

밀가루 3봉지 ⇒ $1710-960$
$=750(g)$

밀가루 1봉지 ⇒ $750\div3=250(g)$

29. 48개

[해설] ① 사과의 총 개수 ⇒
$20\times12=240(개)$

② 사과 1상자에 들어 있는 사과
의 개수
$240\div5=48(개)$

p. 43

01. 49

[해설] $90-45+\{16\times17\div8\}-30$
$=90-45+\{272\div8\}-30$
$=90-45+34-30=49$

02. 6

[해설] $50-\{15-(35-3)\div8\}\times4$
$=50-\{15-32\div8\}\times4$
$=50-\{15-4\}\times4$
$=50-11\times4=50-44=6$

03. 30

[해설] $30\times\{30-(8+12)\}\div10$
$=30\times\{30-20\}\div10=30\times10\div10$
$=300\div10=30$

04. 70

[해설] $80-8-\{14-4\times3\}$
$=72-\{14-12\}=72-2=70$

05. ③, ②, ⑤, ①, ④

[해설] ① $17\times10\div5=170\div5=34$

② $75+7\times3-5=75+21-5=91$

③ $170-(7+15)\times2=170-22\times2$
$=170-44=126$

④ $72\div4+2=18+2=20$

⑤ $\{270-(114+4)\}\div4+12$
$=\{270-118\}\div4+12$
$=152\div4+12=38+12=50$

06. $50+60\div5-45=17$

07. $224\div(256\div8)+65=72$

08. 7

[해설] ① $\{35\div\square+6\}\times9=99$에서
$\{35\div\square+6\}=★$라 하면
$★\times9=99$, $★=99\div9=11$
$35\div\square+6=11$

② $35\div\square=▲$라 하면
$▲+6=11$, $▲=11-6=5$

③ $35\div\square=5$, $\square=35\div5=7$

09. 9

[해설] ① $7\times(15-\square)=8\times12-54$
$=96-54=42$
$7\times(15-\square)=42$에서
$15-\square=★$라 하면
$7\times★=42$, $★=42\div7=6$

② $15-\square=6$, $\square=15-6=9$

10. 11

[해설] ① $\{20\times4+\square\}\div7-8=5$
$\{80+\square\}\div7-8=5$에서
$\{80+\square\}\div7=★$라 하면
$★-8=5$, $★=5+8=13$
$\{80+\square\}\div7=13$

② $\{80+\square\}=▲$라 하면
$▲\div7=13$, $▲=13\times7=91$

③ $80+\square=91$, $\square=91-80=11$

11. $\div$, $-$, $\times$, $+$

12. $+$, $\div$, $+$, $\times$

13. $\times$, $+$, $-$, $\div$

p. 44

14. $3\times(10+6)-8\div2=44$

15. $40\div2\times(50-5\times7+7)=440$

16. $30+60\div5-(7\times4+5)=9$

17. ⓐ $200-40\div5\times15=80$

ⓑ 80개

[해설] 모둠 수 ⇒ $40\div5=8(모둠)$

나누어 준 귤 ⇒ $8\times15=120(개)$

18. ⓐ $(25+15)\times2+8=88$

ⓑ 88그루

[해설] 감나무와 밤나무 ⇒ $25+15$
$=40(그루)$

사과나무 ⇒ $40\times2+8=80+8$
$=88(그루)$

19. ⓐ $(12\times3+15\times4)\div4=24$

ⓑ 24 cm

[해설] ① 한 변이 12cm인 정삼각형의
둘레 ⇒ $12\times3=36(cm)$

② 한 변이 15cm인 정사각형의
둘레 ⇒ $15\times4=60(cm)$

③ 철사의 길이 ⇒ $36+60$
$=96(cm)$

④ 새로 만든 정사각형의 한 변의
길이 ⇒ $96\div4=24(cm)$

20. ⓐ $750\div3\times2+600\div5\times3$
$=860$ ⓑ 860 g

[해설] 사과 1개 ⇒ $750\div3=250(g)$

사과 2개 ⇒ $250\times2=500(g)$

귤 1개 ⇒ $600\div5=120(g)$

귤 3개 ⇒ $120\times3=360(g)$

21. ⓐ $4000-4200\div12\times5$
$-250\times3-300\times2=900$

ⓑ 900원

[해설] 연필 1자루 ⇒ $4200\div12$
$=350(원)$

연필 5자루 ⇒ $350\times5=1750(원)$

지우개 3개 ⇒ $250\times3=750(원)$

자 2개 ⇒ $300\times2=600(원)$

22. 310원

[해설] ① 공책 1권의 값을 $\square$라 하면
$6000-300\times12-5\times\square=850$
$6000-3600-5\times\square=850$
$2400-5\times\square=850$

② $5\times\square=★$라 하면
$2400-★=850$,
$★=2400-850=1550$

③ $5\times\square=1550$,
$\square=1550\div5=310$

23. 1200원

해설 ① 사과 1개의 값을 □라 하면

$15000 - 1500 \times 4 - 6 \times \square$
$= 1800$

$15000 - 6000 - 6 \times \square = 1800$

$9000 - 6 \times \square = 1800$

② $6 \times \square = \bigstar$라 하면

$9000 - \bigstar = 1800,$

$\bigstar = 9000 - 1800 = 7200$

③ $6 \times \square = 7200,$

$\square = 7200 \div 6 = 1200$

24. 375

해설 어떤 수를 □라 함

잘못 계산한 경우 ⇒

① $(\square - 15) \div 5 = 9$

$\square - 15 = \bigstar$라 하면

$\bigstar \div 5 = 9, \quad \bigstar = 9 \times 5 = 45$

② $\square - 15 = 45,$

$\square = 45 + 15 = 60$

바르게 계산한 경우 ⇒

$(60 + 15) \times 5 = 375$

---

6. 분수

p. 46

01. 분모, 분자

02. $\dfrac{1}{4}$ ← (분자)
       ← (분모)

03. $\dfrac{5}{8}$

04. 2, 5

05. 분모 ⇒ 2, 3, 4, 9
       분자 ⇒ 1, 2, 3, 5

06. $\dfrac{2}{3}$, 분모 ⇒ 3, 분자 ⇒ 2

07. $\dfrac{5}{8}$, 분모 ⇒ 8, 분자 ⇒ 5

08.

09.

10.

11.

p. 47

12. $\dfrac{2}{4}$

13. $\dfrac{3}{4}$

14. $\dfrac{4}{4}$

15.  $\dfrac{2}{6}$

16.  $\dfrac{3}{6}$

17. 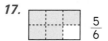 $\dfrac{5}{6}$

18. 진분수

19. 진분수

20. $\dfrac{1}{2}, \dfrac{3}{4}, \dfrac{1}{5}, \dfrac{3}{6}, \dfrac{2}{3}$

21. $\dfrac{2}{7}, \dfrac{13}{72}$

22. $\dfrac{2}{6}, \dfrac{8}{10}, \dfrac{5}{8}$

p. 48

23. ③

24. $\dfrac{1}{5}, \dfrac{2}{5}, \dfrac{3}{5}, \dfrac{4}{5}$

25. $\dfrac{1}{6}, \dfrac{2}{6}, \dfrac{3}{6}, \dfrac{4}{6}, \dfrac{5}{6}$

26. $\dfrac{1}{8}, \dfrac{2}{8}, \dfrac{3}{8}, \dfrac{4}{8}, \dfrac{5}{8}, \dfrac{6}{8}, \dfrac{7}{8}$

27. $\dfrac{1}{10}, \dfrac{2}{10}, \dfrac{3}{10}, \dfrac{4}{10}, \dfrac{5}{10}, \dfrac{6}{10}, \dfrac{7}{10},$
       $\dfrac{8}{10}, \dfrac{9}{10}$

28. $\dfrac{6}{9}, \dfrac{7}{9}, \dfrac{8}{9}$

29. $\dfrac{1}{15}, \dfrac{2}{15}, \dfrac{3}{15}, \dfrac{4}{15}, \dfrac{5}{15}, \dfrac{6}{15}, \dfrac{7}{15}$

30. $\dfrac{5}{6}, \dfrac{5}{7}, \dfrac{5}{8}, \dfrac{5}{9}, \dfrac{5}{10}, \dfrac{5}{11}$

31. 7 〔( ) = 1, 2, 3, 4, 5, 6, 7〕

32. $\dfrac{7}{8}$ 〔7 + 8 = 15, 8 − 7 = 1〕

33. $\dfrac{7}{9}$ 〔7 + 9 = 16, 9 − 7 = 2〕

34. 5 < (분자) < 7에서 (분자) = 6
       (분모) = (분자) × 4 − 5
       $= 6 \times 4 - 5 = 24 - 5 = 19$

답 $\dfrac{6}{19}$

01. 가분수

02. 가분수

03. $\frac{4}{4}$

04. $\frac{6}{6}$

05. $\frac{12}{8}$

06. $\frac{13}{4}$

07. $\frac{8}{5}$, $\frac{8}{8}$

08. $\frac{9}{8}$, $\frac{7}{7}$, $\frac{13}{3}$

09. 진분수 $\Rightarrow \frac{1}{2}$, $\frac{2}{3}$, $\frac{3}{5}$, $\frac{5}{7}$, $\frac{8}{9}$

    가분수 $\Rightarrow \frac{5}{3}$, $\frac{9}{6}$, $\frac{15}{8}$, $\frac{12}{10}$

10. (1) 진 (2) 가 (3) 가 (4) 진
    (5) 가 (6) 가

11. $\frac{5}{1}$, $\frac{5}{2}$, $\frac{5}{3}$, $\frac{5}{4}$, $\frac{5}{5}$

12. $\frac{7}{1}$, $\frac{7}{2}$, $\frac{7}{3}$, $\frac{7}{4}$, $\frac{7}{5}$, $\frac{7}{6}$, $\frac{7}{7}$

13. $\frac{8}{8}$, $\frac{8}{7}$, $\frac{8}{6}$, $\frac{8}{5}$

14. $\frac{7}{7}$, $\frac{8}{7}$, $\frac{9}{7}$, $\frac{10}{7}$, $\frac{11}{7}$

15. $\frac{9}{9}$, $\frac{10}{9}$, $\frac{11}{9}$, $\frac{12}{9}$, $\frac{13}{9}$

16. $\frac{10}{10}$, $\frac{11}{10}$, $\frac{12}{10}$, $\frac{13}{10}$, $\frac{14}{10}$

17. (분자)$\div 7 = 4 \cdots 3$
    (분자)$= 7 \times 4 + 3 = 28 + 3 = 31$
    답 $\frac{31}{7}$

18. (분자)$\div 11 = 8 \cdots 6$
    (분자)$= 11 \times 8 + 6 = 88 + 6 = 94$
    답 $\frac{94}{11}$

19. $43 \div$(분모)$= 5 \cdots 3$
    $43 = $(분모)$\times 5 + 3$, (분모)$\times 5 = 40$
    (분모)$= 40 \div 5 = 8$
    답 $\frac{43}{8}$

20. 가장 큰 수 $\Rightarrow \frac{7}{2}$

가장 작은 수 $\Rightarrow \frac{7}{5}$

21. $\frac{7}{3}$, $\frac{9}{3}$

01. 대분수

02. $2\frac{1}{4}$, 2와 4분의 1, 대분수

03. (1) $4\frac{3}{5}$, 4와 5분의 3

    (2) $5\frac{2}{7}$, 5와 7분의 2

    (3) $8\frac{5}{9}$, 8과 9분의 5

    (4) $10\frac{1}{6}$, 10과 6분의 1

04. $2\frac{3}{4}$, $1\frac{1}{3}$

05. ○ $\Rightarrow \frac{8}{3}$, $\frac{11}{5}$, $\frac{8}{7}$, $\frac{10}{10}$

    △ $\Rightarrow 1\frac{1}{2}$, $2\frac{3}{4}$

06. ○ $\Rightarrow \frac{2}{3}$, $\frac{6}{7}$

    △ $\Rightarrow \frac{4}{4}$, $\frac{9}{5}$, $\frac{12}{11}$

    ☆ $\Rightarrow 1\frac{2}{6}$, $6\frac{2}{7}$

07. $2\frac{1}{4}$

08. $3\frac{5}{6}$

09. $5\frac{3}{4}$

10.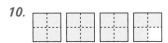

11. (원 3개 그림)

12. $2\frac{3}{4}$, $\frac{11}{4}$

13. $3\frac{2}{5}$, $\frac{17}{5}$

14. $3\frac{1}{3}$, $\frac{10}{3}$

15. $3\frac{5}{6}$, $\frac{23}{6}$

16. 왼쪽부터 $1\frac{2}{3}$, $2\frac{1}{3}$

17. 한 칸은 $\frac{2}{5}$씩임

| $\frac{11}{5}$ | $\frac{13}{5}$ | $\frac{15}{5}$ | $\frac{17}{5}$ | $\frac{19}{5}$ | $\frac{21}{5}$ | $\frac{23}{5}$ | $\frac{25}{5}$ |

$2\frac{1}{5}$ ㉮ 3 $3\frac{2}{5}$ $3\frac{4}{5}$ $4\frac{1}{5}$ ㉯ 5

답 ㉮ $\Rightarrow \frac{13}{5}$ ㉯ $\Rightarrow 4\frac{3}{5}$

18.
3 ―――― 4 ―――― 5
$3\frac{2}{8}$ $3\frac{3}{8}$ $4\frac{1}{8}$ $4\frac{2}{8}$ $4\frac{4}{8}$

답 $4\frac{1}{8}$

19. $8\frac{4}{7}$

20. 가장 큰 수 $\Rightarrow 9\frac{2}{7}$

    가장 작은 수 $\Rightarrow 2\frac{7}{9}$

21. $6\frac{4}{5}$, $\frac{65}{4}$

01. $2\frac{1}{4}$, $\frac{9}{4}$

02. $2\frac{3}{5}$, $\frac{13}{5}$

03. $3\frac{1}{6}$, $\frac{19}{6}$

04. 2, 1, $\frac{3}{2}$

05. 7, 2, $\frac{37}{7}$

06. 6, 5, $\frac{17}{6}$

07. 4, 1, $\frac{13}{4}$

08. 6, 8, 7, $\frac{55}{8}$

09. 5, 9, 2, $\frac{47}{9}$

10. $\frac{19}{5}$ 〔$3 \times 5 + 4 = 19$〕

11. $\frac{14}{9}$ 〔$1 \times 9 + 5 = 14$〕

12. $\frac{7}{4}$ $(1 \times 4 + 3 = 7)$

13. $\frac{7}{3}$ $(2 \times 3 + 1 = 7)$

14. $\frac{24}{7}$ $(3 \times 7 + 3 = 24)$

15. $\frac{12}{5}$ $(2 \times 5 + 2 = 12)$

16. $\frac{10}{3}$ $(3 \times 3 + 1 = 10)$

17. $\frac{19}{7}$ $(2 \times 7 + 5 = 19)$

18. $\frac{37}{9}$ $(4 \times 9 + 1 = 37)$

19. $\frac{52}{7}$ $(7 \times 7 + 3 = 52)$

20. $\frac{13}{4}$, $3\frac{1}{4}$

21. $\frac{15}{6}$, $2\frac{3}{6}$

22. $\frac{14}{3}$, $4\frac{2}{3}$

23. 2, 1, 2, 1

24. 5, 1, $3\frac{1}{5}$

25. 5, 3, $4\frac{3}{5}$

26. $27 \div 6 = 4 \cdots 3$, $4\frac{3}{6}$

27. $53 \div 6 = 8 \cdots 5$, $8\frac{5}{6}$

28. $3\frac{1}{3}$

29. $2\frac{3}{4}$

30. $3\frac{1}{4}$

31. $2\frac{4}{5}$

32. $2\frac{5}{6}$

33. $5\frac{2}{6}$

34. $2\frac{7}{9}$

35. $5\frac{4}{5}$

36. $4\frac{4}{8}$

37. $5\frac{5}{8}$

38. $8\frac{8}{9}$

39. $4\frac{7}{10}$

40. $\frac{46}{9}$

41. $2\frac{5}{10}$

42. $3\frac{11}{12}$

43. $\frac{127}{15}$

44. 한 칸이 $\frac{2}{8}$씩이므로 5, $5\frac{2}{8}$, $5\frac{4}{8}$, $5\frac{6}{8}$, … 〰 $\frac{46}{8}$, $5\frac{6}{8}$

45. ① $\frac{10}{3} = 3\frac{1}{3}$ ④ $2\frac{5}{7} = \frac{19}{7}$ 〰 ②, ③, ⑤

46. (분자)$\div 7 = 3 \cdots 5$이므로 (분자)$= 7 \times 3 + 5 = 21 + 5 = 26$ 따라서, $\frac{26}{7} = 3\frac{5}{7}$ ←〰

01. <
02. >
03. >
04. <
05. <
06. >
07. >
08. <
09. <
10. <
11. <
12. >
13. >
14. >
15. >
16. <

17. <

18. <

19. $3\frac{5}{8} < 3\frac{7}{8}$ 〰 파란 줄

20. $1\frac{1}{9} = \frac{10}{9}$이므로 $\frac{11}{9} > 1\frac{1}{9}$ 〰 >

21. $2\frac{3}{7} = \frac{17}{7}$이므로 $2\frac{3}{7} < \frac{30}{7}$ 〰 <

22. $4\frac{3}{7} = \frac{31}{7}$이므로 $4\frac{3}{7} < \frac{32}{7}$ 〰 <

23. $3\frac{14}{15} = \frac{59}{15}$이므로 $\frac{55}{15} < 3\frac{14}{15}$ 〰 <

24. $32\frac{1}{6} = \frac{193}{6}$이므로 $\frac{191}{6} < 32\frac{1}{6}$ 〰 유라

25. ① $3\frac{3}{4} = \frac{15}{4} < \frac{21}{4}$

② $5\frac{1}{6} = \frac{31}{6} < \frac{32}{6}$

③ $3\frac{3}{8} = \frac{27}{8} < \frac{34}{8}$

④ $\frac{14}{9} = 1\frac{5}{9} < 1\frac{6}{9}$

⑤ $\frac{47}{15} = 3\frac{2}{15} < 5\frac{1}{15}$

〰 ①, ②, ⑤

26. $\frac{11}{4}$, $\frac{9}{4}$, $\frac{7}{4}$

27. $2\frac{4}{6}$, $2\frac{1}{6}$, $1\frac{5}{6}$

28. $4\frac{2}{6}$, $3\frac{3}{6}$, $2\frac{5}{6}$, $2\frac{4}{6}$

29. ② $\frac{12}{5}$ ③ $\frac{9}{5}$ ④ $\frac{10}{5}$

〰 ②, ④, ③, ①

30. ④ $10\frac{3}{6}$ 〰 ③, ②, ④, ①

31. $4\frac{1}{9} = \frac{37}{9}$, $3\frac{8}{9} = \frac{35}{9}$, $2\frac{7}{9} = \frac{25}{9}$

〰 $\frac{44}{9}$, $\frac{38}{9}$, $4\frac{1}{9}$, $3\frac{8}{9}$, $\frac{29}{9}$, $2\frac{7}{9}$

01. $\frac{39}{8} = 4\frac{7}{8}$, $\frac{40}{8} = 5$, $\frac{36}{7} = 5\frac{1}{7}$, $\frac{50}{10} = 5$ 〰 $\frac{39}{8}$, $4\frac{8}{9}$

02. $\frac{26}{3} = 8\frac{2}{3}$, $\frac{29}{3} = 9\frac{2}{3}$, $\frac{36}{4} = 9$, $\frac{55}{6} = 9\frac{1}{6}$ 〰 $9\frac{1}{4}$, $\frac{29}{3}$, $\frac{55}{6}$

03. $\frac{6}{5} = 1\frac{1}{5}$, $\frac{8}{5} = 1\frac{3}{5}$, $\frac{10}{5} = 2$, $\frac{13}{5} = 2\frac{3}{5}$ 〰 $\frac{6}{5}$, $\frac{8}{5}$

04. $\dfrac{25}{12}=2\dfrac{1}{12}$, $\dfrac{9}{4}=2\dfrac{1}{4}$, $\dfrac{5}{3}=1\dfrac{2}{3}$

$\dfrac{30}{9}=3\dfrac{3}{9}$, $\dfrac{17}{5}=3\dfrac{2}{5}$, $\dfrac{25}{6}=4\dfrac{1}{6}$

답 $\dfrac{30}{9}$, $\dfrac{17}{5}$

05. $\dfrac{8}{7}=1\dfrac{1}{7}$, $\dfrac{9}{6}=1\dfrac{3}{6}$, $\dfrac{15}{8}=1\dfrac{7}{8}$

답 $\dfrac{8}{7}$, $1\dfrac{1}{5}$, $\dfrac{9}{6}$, $\dfrac{15}{8}$

06. ② $3\dfrac{3}{4}$ ③ $2\dfrac{3}{5}$ ④ $2\dfrac{4}{7}$

⑤ $2\dfrac{8}{9}$ 답 ②

07. $\dfrac{5}{5}$, $\dfrac{6}{5}$, $\dfrac{7}{5}$, $\dfrac{8}{5}$, $\dfrac{9}{5}$

08. 5개 $\left[\dfrac{7}{7}, \dfrac{8}{7}, \dfrac{9}{7}, \dfrac{10}{7}, \dfrac{11}{7}\right]$

09. $\dfrac{22}{7}$, $\dfrac{23}{7}$, $\dfrac{24}{7}$, $\dfrac{25}{7}$, $\dfrac{26}{7}$, $\dfrac{27}{7}$

10. $\dfrac{46}{9}$, $\dfrac{47}{9}$, $\dfrac{48}{9}$, $\dfrac{49}{9}$, $\dfrac{50}{9}$, $\dfrac{51}{9}$, $\dfrac{52}{9}$,

$\dfrac{53}{9}$ 답 8개

11. $\dfrac{25}{9}$, $\dfrac{26}{9}$, $\dfrac{27}{9}$, $\dfrac{28}{9}$, $\dfrac{29}{9}$

12. 14개

$\left[\dfrac{46}{15}, \dfrac{47}{15}, \dfrac{48}{15}, \cdots, \dfrac{58}{15}, \dfrac{59}{15}\right]$

---

p. 59

13. $2\dfrac{1}{5}$, $2\dfrac{2}{5}$, $2\dfrac{3}{5}$, $2\dfrac{4}{5}$

14. $4\dfrac{1}{7}$, $4\dfrac{2}{7}$, $4\dfrac{3}{7}$, $4\dfrac{4}{7}$

15. $4\dfrac{5}{8}$, $4\dfrac{6}{8}$, $4\dfrac{7}{8}$

16. $3\dfrac{6}{9}$, $3\dfrac{7}{9}$, $3\dfrac{8}{9}$

17. $1\dfrac{1}{6}$, $1\dfrac{2}{6}$, $1\dfrac{3}{6}$, $1\dfrac{4}{6}$, $1\dfrac{5}{6}$

$2\dfrac{1}{6}$, $2\dfrac{2}{6}$, $2\dfrac{3}{6}$, $2\dfrac{4}{6}$, $2\dfrac{5}{6}$

답 10개

18. $1\dfrac{1}{10}$, $1\dfrac{2}{10}$, $1\dfrac{3}{10}$, $\cdots$, $1\dfrac{9}{10}$

$2\dfrac{1}{10}$, $2\dfrac{2}{10}$, $2\dfrac{3}{10}$, $\cdots$, $2\dfrac{9}{10}$

$3\dfrac{1}{10}$, $3\dfrac{2}{10}$, $3\dfrac{3}{10}$, $\cdots$, $3\dfrac{9}{10}$

답 27개

19. $\dfrac{72}{11}=6\dfrac{6}{11}$, $\square\dfrac{7}{11}<6\dfrac{6}{11}$

$\square=1, 2, 3, 4, 5$ 답 5

---

20. $\dfrac{113}{12}=9\dfrac{5}{12}$, $\square\dfrac{4}{12}<9\dfrac{5}{12}$

$\square=1, 2, 3, 4, 5, 6, 7, 8, 9$

답 9

21. $\dfrac{124}{13}=9\dfrac{7}{13}$, $9\dfrac{7}{13}<\square\dfrac{7}{13}$

$\square=10, 11, 12, 13, \cdots$ 답 10

22. 5, 6, 7, 8, 9, 10

23. $6\dfrac{8}{15}=\dfrac{98}{15}$, $6\dfrac{13}{15}=\dfrac{103}{15}$

$\dfrac{98}{15}<\dfrac{(\ )}{15}<\dfrac{103}{15}$

$(\ )=99, 100, 101, 102$

답 99, 100, 101, 102

24. $4\dfrac{10}{12}=\dfrac{58}{12}$, $5\dfrac{3}{12}=\dfrac{63}{12}$

$\dfrac{58}{12}<\dfrac{(\ )}{12}<\dfrac{63}{12}$에서

$(\ )=59, 60, 61, 62$

답 59, 60, 61, 62

---

p. 60

01. ㉮=2, 3, 4, 5, ㉯=3, 4, 5

$\dfrac{㉮}{㉯}=\dfrac{2}{3}$, $\dfrac{2}{4}$, $\dfrac{3}{4}$, $\dfrac{2}{5}$, $\dfrac{3}{5}$, $\dfrac{4}{5}$

답 6가지

02. $\dfrac{1}{3}$, $\dfrac{1}{4}$, $\dfrac{3}{5}$, $\dfrac{1}{5}$, $\dfrac{3}{5}$, $\dfrac{4}{7}$, $\dfrac{1}{7}$, $\dfrac{3}{7}$, $\dfrac{4}{7}$,

$\dfrac{5}{7}$

03. $\dfrac{2}{6}$, $\dfrac{2}{8}$, $\dfrac{6}{8}$, $\dfrac{2}{9}$, $\dfrac{6}{9}$, $\dfrac{8}{9}$ 답 6개

04. $\dfrac{2}{5}$, $\dfrac{2}{5}$, $\dfrac{3}{5}$, $\dfrac{3}{5}$, $\dfrac{4}{5}$, $\dfrac{4}{5}$ 답 6개

분모가 5인 진분수의 가짓 수는 3 가지입니다.

05. 1, 2, 3, 4, 5, 6

06. $2\dfrac{3}{5}$, $5\dfrac{2}{3}$

07. $5\dfrac{1}{6}$

08. ① $3\dfrac{4}{9}$ ② $3\dfrac{1}{9}$ ③ $5\dfrac{2}{9}$

④ $3\dfrac{5}{9}$ ⑤ $4\dfrac{1}{9}$ 답 ⑤

09. (분자)÷10=4 … 3

(분자)=4×10+3=43

$\dfrac{43}{9}=4\dfrac{7}{9}$ 답 $4\dfrac{7}{9}$

---

p. 61

10. ② $\dfrac{29}{6}$ ③ $6\dfrac{1}{4}$

11. $1\dfrac{6}{9}=\dfrac{15}{9}$, $3=\dfrac{27}{9}$, $3\dfrac{5}{9}=\dfrac{32}{9}$,

$4=\dfrac{36}{9}$

답 4, $3\dfrac{5}{9}$, 3, $\dfrac{23}{9}$, $\dfrac{19}{9}$,

$\dfrac{16}{9}$, $1\dfrac{6}{9}$

12. $7\dfrac{1}{10}$, $7\dfrac{2}{10}$, $7\dfrac{3}{10}$, $7\dfrac{4}{10}$, $\cdots$,

$7\dfrac{8}{10}$, $7\dfrac{9}{10}$ 답 9개

13. $\dfrac{43}{9}=4\dfrac{7}{9}$, $\dfrac{47}{9}=5\dfrac{2}{9}$, $\dfrac{45}{9}=5$

答 $4\dfrac{5}{9}$, $\dfrac{43}{9}$, $4\dfrac{8}{9}$, $\dfrac{47}{9}$, $\dfrac{45}{9}$

14. $\dfrac{19}{5}=3\dfrac{4}{5}$, $\dfrac{55}{6}=9\dfrac{1}{6}$

答 4, 5, 6, 7, 8, 9

15. ① $2\dfrac{3}{7}=\dfrac{17}{7}$ ② $\dfrac{59}{18}>\dfrac{55}{18}$

③ $\dfrac{17}{5}>\dfrac{16}{5}$ ④ $2\dfrac{5}{7}=\dfrac{19}{7}$

⑤ $\dfrac{7}{3}<\dfrac{8}{3}$ 答 ①, ④

16. ② $\dfrac{11}{5}=2\dfrac{1}{5}$ ③ $\dfrac{7}{3}=2\dfrac{1}{3}$

④ $\dfrac{10}{9}=1\dfrac{1}{9}$ ⑤ $\dfrac{21}{10}=2\dfrac{1}{10}$

答 ④

17. 7

18. $2\dfrac{6}{7}=\dfrac{20}{7}$, $4\dfrac{2}{7}=\dfrac{30}{7}$

$\dfrac{20}{7}<\dfrac{\square}{7}<\dfrac{30}{7}$이므로

$\square=21, 22, 23, \cdots, 29$ 答 9개

---

p. 62

01. 분자로 나눈 나머지가 6이므로 분 자는 6보다 큰 수입니다.

(분자) ⇒ 7, 8, 9, $\cdots$

가장 작은 진분수가 되려면

(분자)=7이어야 합니다.

(분모)÷7=2 … 6에서

(분모)=7×2+6=20 答 $\dfrac{7}{20}$

— 13 —

02. 3가지 $\left[\dfrac{3}{9}, \dfrac{4}{8}, \dfrac{5}{7}\right]$

03. $\dfrac{4}{2}, \dfrac{4}{2}, \dfrac{4}{3}, \dfrac{4}{3}, \dfrac{4}{4}$

04. ㉠ ⇒ 3, 4, 5, 6, ㉡ ⇒ 4, 5, 6

$\dfrac{㉠}{㉡}$ ⇒ $\dfrac{3}{4}, \dfrac{3}{5}, \dfrac{4}{5}, \dfrac{3}{6}, \dfrac{4}{6}, \dfrac{5}{6}$

㉓ 6가지

05. $\dfrac{6}{6}=1, \dfrac{12}{6}=2, \dfrac{18}{6}=3, \cdots,$

$\dfrac{36}{6}=6$ ㉓ 6개

06. ㉮ ⇒ 3, 4, 5, 6   ㉯ ⇒ 5, 6, 7

$\dfrac{㉯}{㉮}$ ⇒ $\dfrac{5}{3}, \dfrac{6}{3}, \dfrac{7}{3}, \dfrac{5}{4}, \dfrac{6}{4}, \dfrac{7}{4},$

$\dfrac{5}{5}, \dfrac{6}{5}, \dfrac{7}{5}, \dfrac{6}{6}, \dfrac{7}{6}$

㉓ 11가지

07. 분모로 나눈 나머지가 5이므로 분모는 5보다 큰 수입니다.

(분모) ⇒ 6, 7, 8, $\cdots$

가장 큰 가분수가 되려면

(분모)=6이어야 합니다.

(분자)÷6=4 $\cdots$ 5에서

(분자)=6×4+5=29   ㉓ $\dfrac{29}{6}$

08.

1	$1\dfrac{1}{6}$	$1\dfrac{2}{6}$	$1\dfrac{3}{6}$	$1\dfrac{4}{6}$	$1\dfrac{5}{6}$	2

$\dfrac{6}{6}$ $\dfrac{12}{6}$

㉓ 5군데

p. 63

09. $\dfrac{41}{5}=8\dfrac{1}{5}$이므로 8병 $\dfrac{1}{5}$ L입니다.

㉓ 8, $\dfrac{1}{5}$

10. $3\dfrac{5}{8}, 5\dfrac{3}{8}, 8\dfrac{3}{5}$

11. (나머지)=(분모)−5=12−5=7

(분자)÷9=5$\cdots$7

(분자)=9×5+7=52

$\dfrac{52}{12}=4\dfrac{4}{12}$ ㉓ $4\dfrac{4}{12}$

12.

분자	9	8	7
분모	1	2	3
차	8	6	4

$\dfrac{7}{3}=2\dfrac{1}{3}$ ㉓ $2\dfrac{1}{3}$

13. $\dfrac{11}{8}<\square<\dfrac{15}{8}$ 라고 하면

$\square=\dfrac{12}{8}, \dfrac{13}{8}, \dfrac{14}{8}$

㉓ $\dfrac{12}{8}$ m, $\dfrac{13}{8}$ m, $\dfrac{14}{8}$ m

14. $\dfrac{9}{3}, \dfrac{8}{3}$

15. 2보다 크고 3보다 작은 수를 찾음

$\dfrac{5}{2}=2\dfrac{1}{2}, \dfrac{9}{4}=2\dfrac{1}{4}, \dfrac{15}{10}=1\dfrac{5}{10}$

㉓ $\dfrac{5}{2}, \dfrac{9}{4}, 2\dfrac{5}{9}$

16. $\dfrac{31}{8}=3\dfrac{7}{8}, 3\dfrac{7}{8}>3\dfrac{☆}{8}$

☆=1, 2, 3, 4, 5, 6   ㉓ 6개

17. $5\dfrac{4}{6}=\dfrac{34}{6}, 8\dfrac{1}{6}=\dfrac{49}{6}$

$\dfrac{34}{6}<\dfrac{\square}{6}<\dfrac{49}{6}$에서

$\square$ ⇒ 35, 36, 37, 38, 39, 40,

41, 42, 43, 44, 45, 46,

47, 48

㉓ 14개

18. $\dfrac{12}{4}=3, \dfrac{96}{8}=12$

3+4+5+6+7+8+9+10+11+12

=75   ㉓ 75

— 14 —

7. 소수

p. 66

01. (1) 100, 4, $\frac{4}{100}$
　　(2) 0.04, 영점 영사

02. 0.07

03. 0.09

04. 영점 영오

05. 영점 영칠

06. (1) 0.03　(2) 영점 영삼

07. (1) 0.06　(2) 영점 영육

08. (1) 0.08　(2) 영점 영팔

09. (1) 0.09　(2) 영점 영구

p. 67

10. ㉮ 0.01　㉯ 0.04　㉰ 0.07

11. ㉮ 0.03　㉯ 0.06　㉰ 0.09

12. 3, 3

13. 5, 5

14. 7, 7

15. 9, 9

16. (1) $\frac{4}{100}$　(2) 0.04

17. (1) $\frac{6}{100}$　(2) 0.06

18. (1) $\frac{8}{100}$　(2) 0.08

19. (1) $\frac{9}{100}$　(2) 0.09

20. (1) 4　(2) 7　(3) 9

21. (1) 0.02　(2) 0.05　(3) 0.08

p. 68

01.

02. $\frac{35}{100}$

03. 0.35, 영점 삼오

04. 0.29

05. 0.72

06. 0.43

07. 0.85

08. (1) $\frac{64}{100}$　(2) 0.64

09. (1) $\frac{86}{100}$　(2) 0.86

10. 0.83

11. 0.97

12. 1.25

13. 7.16

p. 69

14. 영점 오이

15. 영점 일오

16. 영점 육삼

17. 영점 팔사

18. 영점 구일

19. (1) 0.41　(2) 영점 사일

20. (1) 0.29　(2) 영점 이구

21. (1) 0.56　(2) 영점 오육

22. (1) 0.78　(2) 영점 칠팔

23. 0.01, 0.15

24. 0.07, 0.13

25. 0.47, 0.53

26. 0.73, 0.88

27. 0.82, 0.99

28. 0.27, 0.34

p. 70

29. 26, 26

30. 83, 83

31. 12, 0.12

32. 42, 0.42

33. 75, 0.75

34. 74, 0.01

35. 43, 0.43

36. 0.28, 4.28

37. 0.51, 7.51

38. $9+\frac{75}{100}=9+0.75=9.75 \leftarrow$ ㉯

39. $8+\frac{32}{100}=8+0.32=8.32 \leftarrow$ ㉯

40. $1+\frac{4}{100}=1+0.04=1.04 \leftarrow$ ㉯

41. $4+\frac{7}{100}=4+0.07=4.07 \leftarrow$ ㉯

42. $5+\frac{86}{100}=5+0.86=5.86 \leftarrow$ ㉯

43. $10+\frac{24}{100}=10+0.24=10.24 \leftarrow$ ㉯

p. 71

01. 일점 영사

02. 오점 영칠

03. 삼점 사

04. 오점 구

05. 십이점 일이

06. 이십오점 이사

07. 삼십점 영삼

08. 칠십점 영칠

09. (1) 1.92　(2) 일점 구이

10. (1) 2.58　(2) 이점 오팔

11. (1) 8.41　(2) 팔점 사일

12. (1) 일, 4　(2) 0.1, 첫째, 0.2
　　(3) 0.01, 둘째, 0.08　(4) 0.08

p. 72

13. 0.4, 0.05

14. 0.1의 자리 숫자는
　　① 7　② 2　③ 8　④ 6　⑤ 4
　　　　　　　　　　　　　㉯ ②

— 15 —

15. 0.01의 자리 숫자는
① 8 ② 2 ③ 7 ④ 5 ⑤ 3
답 ①, ③, ④, ⑤, ②

16. ① 6 ② 0.06 ③ 0.6 ④ 60
답 ④, ①, ③, ②

17. 3, 5, 0, 4

18. 7, 2, 0, 9

19. 9, 6, 5, 2

20. 5.24

21. 8.15

22. 38.58

23. 53.49

24. 13.23

25. $\frac{1}{100}$이 62개이면 0.62 답 57.62

p. 73

01. 영점 영영이

02. 영점 영영삼

03. 영점 영영구

04. (1) 0.004 (2) 영점 영영사

05. (1) 0.006 (2) 영점 영영육

06. (1) 0.007 (2) 영점 영영칠

07. (1) 0.008 (2) 영점 영영팔

08. ㉮ 0.002 ㉯ 0.005 ㉰ 0.008

09. ㉮ 0.003 ㉯ 0.006 ㉰ 0.009

10. 7, 7

11. 9, 0.001

p. 74

12. (1) $\frac{4}{1000}$ (2) 0.004

13. (1) $\frac{7}{1000}$ (2) 0.007

14. (1) $\frac{9}{1000}$ (2) 0.009

15. (1) 2 (2) 7 (3) 9

16. (1) 0.003 (2) 0.005 (3) 0.008

17. 영점 영일오

18. 영점 영육사

19. 영점 영구삼

20. (1) 0.014 (2) 영점 영일사

21. (1) 0.035 (2) 영점 영삼오

22. (1) 0.086 (2) 영점 영팔육

p. 75

23. ㉮ 0.001 ㉯ 0.015 ㉰ 0.019

24. ㉮ 0.021 ㉯ 0.026 ㉰ 0.034

25. ㉮ 0.041 ㉯ 0.047 ㉰ 0.055

26. 45, 45

27. 64, 0.001

28. 92, 0.092

29. (1) $\frac{36}{1000}$ (2) 0.036

30. (1) $\frac{75}{1000}$ (2) 0.075

31. (1) $\frac{91}{1000}$ (2) 0.091

32. 7, 4

33. 9, 5

34. 0.037

35. 0.089

p. 76

01. 영점 삼일구

02. 영점 이오이

03. 영점 구영팔

04. 0.194, 영점 일구사

05. 0.432, 영점 사삼이

06. 0.671, 영점 육칠일

07. 0.928, 영점 구이팔

08. ㉮ 0.182 ㉯ 0.199

09. ㉮ 0.283 ㉯ 0.299

10. ㉮ 0.316 ㉯ 0.324

11. 152, 152

p. 77

12. 427, 0.001

13. 508, 0.508

14. (1) $\frac{265}{1000}$ (2) 0.265

15. (1) $\frac{876}{1000}$ (2) 0.876

16. 7, 2, 9

17. 1, 5

18. 0.378

19. (1) 0.027 (2) 영점 영이칠

20. (1) 0.204 (2) 영점 이영사

21. ㉮ 0.006 ㉯ 0.019

22. ㉮ 0.093 ㉯ 0.098

23. ㉮ 0.258 ㉯ 0.262

p. 78

24. 6, 6

25. 67, 0.001

26. 108, 0.108

27. (1) 0.007 (2) 0.085
(3) 0.371 (4) 0.006
주의 600 cm=6 m=0.006 km

28. 0.379, 62.379

29. 0.916, 3.916

30. 32.196

31. 86.253

32. 일점 육영팔

33. 칠점 사영구

34. 십오점 칠영팔

35. 이십사점 일구칠

36. 사십칠점 오육구

p. 79

01. 1.625, 일점 육이오

02. 3.789, 삼점 칠팔구

03. 5.678, 오점 육칠팔

04. 24.369, 이십사점 삼육구

05. 0.8, 0.005

06. 0.6, 0.004

07. 30, 0.2, 0.005

08. 80, 0.3, 0.007

09. (1) 1, 6 (2) 0.1, 0.1
(3) 0.01, 0.08
(4) 0.001, 0.007

10. (1) 십(10), 80 (2) 일(1), 1

(3) 0.1, 0.4　　　(4) 0.01, 0.05
(5) 0.001, 0.006

p. 80

11. (1) 0.03　　　(2) 0.003
　　　(3) 3　　　　(4) 0.03
12. (1) 0.0④1　　(2) 6.1⑤
　　　(3) 12.4⓪6　　(4) 25.0⑧4
13. 62.508
14. 85.369
15. 2, 0, 0, 8, 6
16. 3, 5, 6, 9
17. 0.06
18. 0.63
19. 0.139
20. 2.068
21. 5.087
22. 24+0.3+0.043=24.343 ←⑫
23. 10이 36개 → 360

$\frac{1}{100}$이 17개 → 0.17

$\frac{1}{1000}$이 9개 → 0.009

⑫ 360.179

p. 81

01. 0.06
02. 0.95
03. 7.53
04. 9.52
05. 영점 영칠
06. 이십육점 사삼
07. 56.07
08. 23, 0.23
09. 0.92
10. 3.73
11. 3, 49, 3, 0.49, 3.49
12. 2.43, 2.66
13. 8.07
14. 5.27

p. 82

15. 73.59
16. 63.28
17. 10이 23 ⇒ 230, 1이 23 ⇒ 23
　　0.1이 2 ⇒ 0.2, 0.01이 3 ⇒ 0.03

⑫ 253.23

18. 4, 0.09
19. 3, 9, 2, 7
20. 32.07
21. 가장 큰 것 ⇒ ④,
　　가장 작은 것 ⇒ ①
22. 소수 둘째 자리 숫자 ⇒
　　① 7　② 9　③ 2　④ 3　⑤ 6

⑫ ②, ①, ⑤, ④, ③

23. 0.24 m 〔100−76=24(cm)〕
24. 0.007
25. 0.205
26. 29.243
27. 9.736

p. 83

28. 영점 영칠이
29. 팔점 이삼일
30. 15.049
31. 73, 73
32. 74, 0.074, 38.074
33. 0.008
34. 4.087
35. 0.593
36. 7.296
37. 0.735, 0.746
38. 7, 0.07
39. 86.037
40. 52.938

p. 84

01. 0.243, 0.257
02. 8, 2, 7, 4, 5
03. 0.01, 0.65

04. 0.001, 4.678
05. 2, 1, 0, 7, 4
06. 0.692, 6.043
07. 0.524, 4.057
08. 513.897
09. 10이 3 ⇒ 30, 1이 22 ⇒ 22
　　0.1이 16 ⇒ 1.6,
　　0.01이 36 ⇒ 0.36

	10	1	0.1	0.01
10이 3	3	0		
1이 22	2	2		
0.1이 16			1	6
0.01이 36			3	6
합계	5	3	9	6

⑫ 53.96

10. 0.1이 231 ⇒ 23.1
　　0.01이 25 ⇒ 0.25
　　0.001이 204 ⇒ 0.204

	10	1	0.1	0.01	0.001
0.1이 231	2	3	1		
0.01이 25				2	5
0.001이 204				2	0	4
합계	2	3	5	5	4

⑫ 23.554

p. 85

11. 1014.308
12. 10이 42 ⇒ 420, 1이 5 ⇒ 5
　　0.1이 21 ⇒ 2.1
　　0.01이 8 ⇒ 0.08
　　0.001이 7 ⇒ 0.007

	100	10	1	0.1	0.01	0.001
10이 42	4	2	0			
1이 5			5			
0.1이 21			2	1		
0.01이 8					8	
0.001이 7						7
합계	4	2	7	1	8	7

⑫ 427.187

13. 1000이 9 ⇒ 9000
　　1이 205 ⇒ 205
　　0.1이 21 ⇒ 2.1

0.01이 32 ⇒ 0.32

0.001이 127 ⇒ 0.127

	1000	100	10	1	0.1	0.01	0.001
1000이 9	9	0	0	0			
1이 205		2	0	5			
0.1이 21					2	1	
0.01이 32						3	2
0.001이 127					1	2	7
합계	9	2	0	7	5	4	7

答 9207.547

14. 6, 0.006

15. 0.01, 0.07

16. ③, ⑤

17. ⑤, ①, ③, ②, ④

18. ③ 4는 $\frac{1}{10}$이 4인 수임

④ 7은 $\frac{1}{100}$이 7인 수임

答 ①, ②, ⑤

19. ③ 4.03의 3은 0.01이 3임

④ 8.046은 $8\frac{46}{1000}$임

⑤ 9.081은 0.001이 9081임

答 ①, ②

20. ① 6 ② 0.6 ③ 6 ④ 0.06

⑤ 0.006 答 ⑤

p. 86

21. 25.784에서 숫자 4는 0.004를 나타냄 ① 0.4 ② 0.04 ③ 4

④ 0.04 ⑤ 0.004 答 ⑤

22. ① 7 ② 0.07 ③ 0.007 ④ 0.7

⑤ 70 答 ⑤, ①, ④, ②, ③

23. 예 2.678의 2 ⇒ 2를 나타냅니다.

63.312의 2

⇒ 0.002를 나타냅니다.

24. 1에서 떨어진 거리 ⇒

① 0.21 ② 0.01 ③ 0.09

④ 0.005 ⑤ 0.003 答 ⑤

25. $\frac{3}{4}=\frac{75}{100}=0.75$ ← 答

26. 7.685 km

27. 0.94 m [130−36=94(cm)]

28. 0.76 m [19×4=76(cm)]

29. 0.635 km

[150×4+35=635(m)]

30. 10 g ⇒ 필요없음, 1 g ⇒ 8개

p. 87

01. 106.2

02. 509.2

03. 윗줄 ⇒ 0.01, 0.1, 1

아랫줄 ⇒ 100

04. 윗줄 ⇒ 0.03, 0.3, 3

아랫줄 ⇒ 100

05. 0.4

06. 0.5

07. 0.7

08. 3, 30

09. 2.4, 24

10. 8.7, 87

11. 6.24, 62.4

12. 45.96, 459.6

p. 88

13. 64.259를 10배 하면

642.59 ← 答

14. 10

15. 10

16. 100

17. 100

18. 100

19. 100

20. 1000

21. 100

22. 100

23. 100

24. ㉠이 나타내는 수 : 3

㉡이 나타내는 수 : 0.003

答 1000배

25. ㉠이 나타내는 수 : 50

㉡이 나타내는 수 : 0.005

答 10000배

26. ㉠이 나타내는 수 : 0.8

㉡이 나타내는 수 : 0.008

答 100배

p. 89

01. 0.047

02. 0.058

03. 0.039

04. 윗줄 ⇒ 0.1, 0.01, 0.001

아랫줄 ⇒ $\frac{1}{100}$

05. 윗줄 ⇒ 0.5, 0.05, 0.005

아랫줄 ⇒ $\frac{1}{100}$

06. 0.569

07. 0.824

08. 0.043

09. 0.3, 0.03

10. 0.6, 0.06

p. 90

11. 1.24, 0.124

12. 2.05, 0.205

13. 10

14. 100

15. 100

16. 1000

17. $\frac{1}{10}$, $\frac{1}{10}$

18. $\frac{1}{100}$, $\frac{1}{100}$

19. $\frac{1}{100}$, $\frac{1}{100}$

20. $\frac{1}{1000}$, $\frac{1}{1000}$

21. (1) 500, 50, 0.5, 0.05

(2) 70, 7, 0.07, 0.007

(3) 380, 38, 0.38, 0.038

(4) 561, 56.1, 0.561, 0.0561

(5) 2745, 274.5, 2.745, 0.2745

p. 91

22. 1이 56개 ⇒ 56

0.1이 14개 ⇒ 1.4

0.01이 36개 ⇒ 0.36

57.76

57.76을 $\dfrac{1}{10}$ 배한 수 $\Rightarrow 5.776$

$\textcircled{\tiny 답}$ 0.006

23. 59.3의 $\dfrac{1}{100}$ 배는 0.593

9가 나타내는 수는 0.09 ← $\textcircled{\tiny 답}$

24. 1이 54개 $\Rightarrow 54$

0.1이 32개 $\Rightarrow 3.2$

$\overline{ 57.2}$

57.2의 $\dfrac{1}{100}$ 배는 0.572 ← $\textcircled{\tiny 답}$

25. 1이 72개 $\Rightarrow 72$

0.1이 15개 $\Rightarrow 1.5$

0.01이 25개 $\Rightarrow 0.25$

$\overline{ 73.75}$

$\textcircled{\tiny 답}$ 737.5

26. (1) $0.5\cancel{0}$ (2) $0.73\cancel{0}$

(3) 없음   (4) $5.08\cancel{0}$

27. (1) $0.2\cancel{0}$ (2) 없음

(3) $0.24\cancel{0}$ (4) 없음

(5) $5.7\cancel{0}\cancel{0}$ (6) $12.6\cancel{0}$

(7) $41.54\cancel{0}$ (8) 없음

28. $0.6\textcircled{0}$, $0.28\textcircled{0}$, $5.08\textcircled{0}$,

$0.09\textcircled{0}$, $7.07\textcircled{0}$

29. ⑤, ⑥

30. ⑤

31. 5개

p. 92

01. ④

02. (1) $>$ (2) $<$

03. ① $>$ ② $<$ ③ $=$ $\textcircled{\tiny 답}$ ④, ⑤

04. (1) $<$ (2) $>$ (3) $>$ (4) $<$

05. ③ $<$ ④ $<$ $\textcircled{\tiny 답}$ ③, ④

06. (1) $<$ (2) $<$ (3) $<$ (4) $<$

07. ① $<$ ④ $>$ ⑤ $<$ $\textcircled{\tiny 답}$ ②, ③

p. 93

08. ① $<$ ③ $>$ ④ $>$ $\textcircled{\tiny 답}$ ②, ⑤

09. (1) $>$ (2) $>$ (3) $>$ (4) $<$

---

10. 효진 $[0.34 > 0.28]$

11. 빨간색 $[0.475\,\text{m} < 0.523\,\text{m}]$

12. 민호 $\Rightarrow 70.56$, 경희 $\Rightarrow 70.231$

$70.56 > 70.231$ $\textcircled{\tiny 답}$ 민호

13. 경식 $\Rightarrow 0.459$, 민수 $\Rightarrow 0.469$

$0.459 < 0.469$ $\textcircled{\tiny 답}$ 민수

14. 1.43의 100배 $\Rightarrow 143$

143의 $\dfrac{1}{10}$ 배 $\Rightarrow 14.3$ $\textcircled{\tiny 답}$ $>$

15. 0.05의 10배 $\Rightarrow 0.5$

50의 $\dfrac{1}{100}$ 배 $\Rightarrow 0.5$ $\textcircled{\tiny 답}$ $=$

16. $8.032 > 8.0\boxed{0}5$, $8.032 > 8.0\boxed{1}5$

$8.032 > 8.0\boxed{2}5$ $\textcircled{\tiny 답}$ $0, 1, 2$

17. $23.\boxed{7}21 > 23.69$, $23.\boxed{8}21 > 23.69$

$23.\boxed{9}21 > 23.69$ $\textcircled{\tiny 답}$ $7, 8, 9$

p. 94

18. 0.087, 1.079, 1.578, 1.807

19. 0.96, 1.13, 1.47, 1.52, 1.68

20. 0.97, 1.02, 1.15, 2.05, 2.12

21. 0.98, 1.08, 2.04, 2.15, 3.02

22. 0.96, 0.906

23. 9.6, 6.25, 6.205, 4.250, 4.205,

4.05, 0.96, 0.906

24. 2.24, 2.15, 2.01, 1.96, 1.72

25. 2.14, 2.09, 2.05, 1.93, 1.87

26. $2.\square\square3 < (어떤 수) < 2.01$

$\textcircled{\tiny 답}$ 2.004, 2.005, 2.006,

2.007, 2.008, 2.009

27. $5.\square\square6 < (어떤 수) < 5.01$

$\textcircled{\tiny 답}$ 5.007, 5.008, 5.009

28. $490\,\text{m} = 0.49(\text{km})$

$482\,\text{m} = 0.482(\text{km})$, $0.482 < 0.49$

$0.482 < (호랑이가 달린 거리) < 0.49$

$\textcircled{\tiny 답}$ 0.483, 0.484, 0.485,

0.486, 0.487, 0.488,

0.489

29. 음료수 대의 위치는 그림에서 ●

임

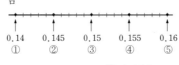

$\textcircled{\tiny 답}$ $0.155\,\text{km}$

---

p. 95

01. 5090, 0.509

02. 100, 100

03. 5.9, 0.037

04. 0.09, 0.009

05. 5.80, 0.090, 7.420, 1.70

06. $0.14\,\text{kg}$ $[14 \times 10 = 140(\text{g})]$

07. 8 $\left[78.5의 \dfrac{1}{100} \Rightarrow 0.785\right]$

08. 740.9 $[처음 수 \Rightarrow 7.409]$

09. 7.652, 7.302

10. 10.51, 10.49

11. $>$

12. $>$

13. $>$

14. $<$ $[9.881 < 9.89]$

15. $>$ $[3.814 > 3.084]$

16. 0.5, 0.424, 1

p. 96

17. ①, ⑤, ④, ③, ②

18. 0.05 $[가장 큰 수 \Rightarrow 2.75]$

19. ③, ②, ⑤, ④, ①

20. ① $720\,\text{m}$ ② $90\,\text{m}$ ④ $8.009\,\text{m}$

$\textcircled{\tiny 답}$ ①, ②, ③, ④

21. $>$ $[7.145 > 7.09]$

22. ㉮ $\Rightarrow 8.96$, ㉯ $\Rightarrow 8.95$

$\textcircled{\tiny 답}$ ㉮ $>$ ㉯

23. ① 70.6 ② 76 ③ 70.6

④ 0.76 ⑤ 7.6 $\textcircled{\tiny 답}$ ②

24. 5.642, 5.662, 5.672

25. 5.48, 7.48

$[소수점을 떼고 생각할 것]$

26. 748 $[처음 소수 \Rightarrow 7.48]$

27. 7.997, 7.998, 7.999

28. ①, ③, ⑤

29. $7.\square\square2$보다 크고 7.01보다 작은

소수 세 자리 수는

7.003, 7.004, 7.005, 7.006,

7.007, 7.008, 7.009 $\textcircled{\tiny 답}$ 7개

30. $45 - 22 = 23$, $23 \times 3 = 69(\text{m})$

$\textcircled{\tiny 답}$ $0.069\,\text{km}$

01. 100, 1000

02. 0.207, 0.072

03. 5, 4

04. 3.54 [처음 소수 ⇒ 35.4]

05. 0.06의 $\frac{1}{10}$ ⇒ 0.006

    ⊕ ①, ②, ④, ⑤

06. 76.852에서 8 ⇒ 0.8

  35.278에서 8 ⇒ 0.008 ⊕ 100배

07. 38.9 $\xrightarrow{\frac{1}{100}}$ 0.389 $\xrightarrow{\frac{0.03}{\text{작은 수}}}$ 0.359

    ⊕ 0.359

08. 85.7 [85.69 $\xrightarrow{0.01 \text{ 큰 수}}$ 85.7]

09. ㉮ $\xrightarrow{\frac{1}{10}}$ $\xrightarrow{0.5 \text{ 큰 수}}$ 2.85

  ㉯ ⇒ 2.35, ㉮ ⇒ 23.5

    ⊕ 23.5

10. ㉮ 7.4 $\xrightarrow{\frac{1}{10}}$ 0.74 $\xrightarrow{0.01 \text{ 큰 수}}$ 0.75

  ㉯ 0.074 $\xrightarrow{10\text{배}}$ 0.74 $\xrightarrow{0.1 \text{ 큰 수}}$ 0.84

    ⊕ ㉯

11. 0.690, 0.691, 0.692, 0.693, …, 0.
697   ⊕ 8개

12. ② [가장 작은 수를 찾을 것]

13. 0 [가장 큰 수 ⇒ 7.909]

14. $4\frac{10}{100} = 4.1$, $3\frac{9}{10} = 3.9$

    ⊕ $4\frac{10}{100}$, 4.02, 4.015,

    $3\frac{9}{10}$, 3.125

15. $57\frac{69}{100} = 57.69$, $57\frac{1}{10} = 57.1$

    ⊕ $57\frac{69}{100}$, $57\frac{1}{10}$, 57.08,

    57.075, 57.063

16. ① 60.2 ② 620 ③ 6.2

  ④ 6.02 ⑤ 602

    ⊕ ②, ⑤, ①, ③, ④

17. 0, 1, 2, 3

18. 6, 7, 8, 9

19. 8, 9

20. $\frac{1}{10}$이 35 ⇒ 3.5,

$\frac{1}{100}$이 6 ⇒ 0.06,

$\frac{1}{1000}$이 5200 ⇒ 5.2

    ⊕ 8.76, 8.76<8.765

21. 8.249

22. 20.578, 20.587, 20.758, …

    ⊕ 20.758

23. 4 kg 90 g=4090 g,

  4090÷10=409(g)

    ⊕ 0.409 kg

24. 50 $\xrightarrow{\frac{1}{10}}$ 5 $\xrightarrow{\frac{1}{10}}$ 0.5 $\xrightarrow{\frac{1}{10}}$ 0.05

    ⊕ 0.05 m

25. 수철 [수철 ⇒ 4.83 m]

01. 7, 0.005

02. 705.208

03. 0.058, 0.071, 0.085

04. 97.056

05. 84.479

06. 7.6

07. ②

08. ① 3.7 m ② 0.63 km ③ 2600 g

  ⑤ 0.54 km   ⊕ ④

09. 2309.56 m

10. 0.008, 0.8

11. 윗줄 ⇒ $\frac{1}{10}$, $\frac{1}{10}$, $\frac{1}{10}$

  아랫줄 ⇒ 10, 100, 10

12. 5090, 0.509

13. 100, 100

14. 0.5

15. 2 [1.928에서 생각함]

16. ④, ⑤, ⑥

17. 7, 6

18. = [왼쪽, 오른쪽 모두 5.201임]

19. < [㉮ ⇒ 0.728, ㉯ ⇒ 0.773]

20. = [㉮ ⇒ 570, ㉯ ⇒ 570]

21. < [㉮ ⇒ 0.82, ㉯ ⇒ 0.88]

22. ㉮에서 오른쪽으로 6칸 이동

    ⊕ 7.073

23. 1

24. 8.349, 8.36

25. ① 9.14 m ② 9.74 m ③ 906 m

  ④ 89 m   ⊕ ③, ④, ②, ①

26. ① 80.3 ② 830 ③ 803

  ④ 80.3 ⑤ 83   ⊕ ②

27. ④, ②, ③, ①

28. 2 [가장 큰 수 ⇒ 8.721]

29. 0.98, 0.99

30. 4.948, 5.048

31. 5.24, 5.32, 5.36

32. 9.854

33. 0.621

34. 3.052 km [1017+2035=3052(m)]

35. 1.75 m

36. 우체국, 은행, 학교

01. ①, ②, ④, ⑤ [③ 9.060=9.06]

02. ① 0.008 ② 0.8 ④ 0.008

  ⑤ 0.008   ⊕ ③

03. 0.009, 1000

04. 0.01이 542 → 5.42 $\xrightarrow{\frac{1}{10}}$ 0.542

  73.5 $\xrightarrow{\frac{1}{100}}$ 0.735   ⊕ 0.542, 5

05.

	1의 자리	0.1의 자리	0.01의 자리	0.001의 자리
0.1이 32	3	2		
0.01이 5			5	
0.001이 49			4	9
합계	3	2	9	9

    ⊕ 3.299

06. ㉠ 32.413 ㉡ 32.426

07. 윗줄 ⇒ 0.1, 1,

  아랫줄 ⇒ 1000

08. 윗줄 ⇒ IO, I, O.I,
아랫줄 ⇒ IOO

09. 75.058에서 7 ⇒ 70
83.576에서 7 ⇒ 0.07
0.07 $\xrightarrow{10배}$ 0.7 $\xrightarrow{10배}$ 7 $\xrightarrow{10배}$ 70
$\underset{1000배}{\underline{\qquad\qquad\qquad\qquad}}$

(답) IOOO배

10. 0.074 $\xrightarrow{10배}$ 0.74 $\xrightarrow{10배}$ 7.4
$\xrightarrow{10배}$ 74   (답) 74

11. ㉡ [㉠ ⇒ 3.607, ㉡ ⇒ 3.61]

12. 0.801, 0.802, 0.803, 0.804, 0.805,
0.806, 0.807, 0.808, 0.809, 0.811,
0.812, 0.813, 0.814   (답) I3개

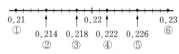

13. ①—㉣, ②—㉠, ③—㉢, ④—㉡

14. ① 90.2   ② 920   ③ 902
④ 92   ⑤ 900.2   (답) ②

15. 0.951, 0.952, 0.953, …, 0.998이므
로 48개입니다.
이중에서 0.96, 0.97, 0.98, 0.99를
제외하면 44개가 됩니다.
(답) 44개

16. (어떤 수) $\xrightarrow[\text{작은 수}]{0.7}$ 5.184에서
5.184 $\xrightarrow[\text{큰 수}]{0.7}$ (어떤 수)이므로
어떤 수 ⇒ 5.884
5.884 $\xrightarrow[\text{큰 수}]{0.009}$ 5.893   (답) 5.893

17. 9.23 [9.17 $\xrightarrow[\text{큰 수}]{0.06}$ 9.23]

18. 6, 7, 8, 9

19. 0, I, 2, 3, 4

20. 6, 7, 8, 9

21. 4.953

22. 가장 큰 소수 ⇒ 860.4,
가장 작은 소수 ⇒ 0.468

23. 1.08 km [120×9=1080(m)]

24. 0.77 km [55×1400=77000(cm)]

15.

```
    ┣━━╋━━━┻━━━┻━━━┻━━━╋━━┫
  0.21          0.22          0.23
   ①    0.214 0.218 0.222 0.226    ⑥
         ②    ③    ④    ⑤
```

(답) 0.218 km

— 21 —

8. 규칙 찾기

p. 106

01. 1+2+3+4+5+6=21(개) ←답

02. 1+2+3+4+5+6+7+8+9
=45(개) ←답

03. 동전의 개수는
1+2+3+4+5+6+7+8+9+10
=55(개)
100원짜리 동전 10개는
55×100=5500(원) ←답

04. 1째 번 → 1
2째 번 → 1+2
3째 번 → 1+2+3
4째 번 → 1+2+3+4
따라서, 8째 번에는
1+2+3+4+5+6+7+8
=36(개) ←답

05. 1째 번 → 1+2
2째 번 → 1+2+3
3째 번 → 1+2+3+4
4째 번 → 1+2+3+4+5
따라서, 10째 번에는
1+2+3+4+5+6+7
+8+9+10+11
=66(개) ←답

06. 1째 번 → 2×1, 2째 번 → 2×2
3째 번 → 2×3, 4째 번 → 2×4
따라서, 10째 번에는
2×10=20(개) ←답

07. 1째 번 → 3×1, 2째 번 → 3×2
3째 번 → 3×3, 4째 번 → 3×4
따라서, 10째 번에는
3×10=30(개) ←답

08. 60개 〔3×20=60〕

p. 107

09. 1째 번 → 3×1, 2째 번 → 3×2
3째 번 → 3×3
따라서, 15째 번에는
3×15=45(개) ←답

10. 1째 번 → 4×1, 2째 번 → 4×2
3째 번 → 4×3, 4째 번 → 4×4
따라서, 10째 번에는
4×10=40(개) ←답

11. 80개 〔4×20=80〕

12. 1째 번 → 1×1, 2째 번 → 2×2
3째 번 → 3×3, 4째 번 → 4×4
따라서, 6째 번에는
6×6=36(개) ←답

13. 100개 〔10×10=100〕

14. 1째 번 → (1+1)×(1+1)
2째 번 → (2+1)×(2+1)
3째 번 → (3+1)×(3+1)
따라서, 9째 번에는
(9+1)×(9+1)=10×10
=100(개) ←답

15. 바둑돌은 2개씩 많아짐
①째 번 → 3개 → 2×①+1
②째 번 → 5개 → 2×②+1
③째 번 → 7개 → 2×③+1
④째 번 → 9개 → 2×④+1
따라서, 8째 번에는
2×⑧+1=16+1
=17(개) ←답

16. 15번 문제와 그림만 다르고 내용은 같은 문제임
2×⑩+1=20+1
=21(개) ←답

p. 108

17. 정삼각형이 1개씩 많아질 때마다 성냥개비는 2개씩 많아짐

정삼각형 개수	성냥개비 개수
①개	3개 → 2×①+1
②개	5개 → 2×②+1
③개	7개 → 2×③+1
④개	9개 → 2×④+1

따라서, 정삼각형이 11개이면
2×⑪+1=22+1=23(개) ←답

참고 이 문제도 15번과 내용은 같은 문제임

18. 바둑돌은 2개씩 많아짐
①째 번 → 4개 → 2×①+2
②째 번 → 6개 → 2×②+2
③째 번 → 8개 → 2×③+2
④째 번 → 10개 → 2×④+2
따라서, 12째 번에서는
2×⑫+2=24+2
=26(개) ←답

19. 공깃돌은 2개씩 많아짐
①째 번 → 1개 → 2×①-1
②째 번 → 3개 → 2×②-1
③째 번 → 5개 → 2×③-1
④째 번 → 7개 → 2×④-1
따라서, 20째 번에서는
2×⑳-1=40-1
=39(개) ←답

20. 바둑돌은 3개씩 많아짐
①째 번 → 4개 → 3×①+1
②째 번 → 7개 → 3×②+1
③째 번 → 10개 → 3×③+1
④째 번 → 13개 → 3×④+1
따라서, 10째 번에서는
3×⑩+1=30+1
=31(개) ←답

21. 20번 문제와 그림만 다르고 내용은 같은 문제임
3×⑳+1=60+1
=61(개) ←답

22. 정사각형이 1개씩 많아질 때마다 성냥개비는 3개씩 많아짐

정사각형의 개수	성냥개비의 개수
①개	4개 → 3×①+1
②개	7개 → 3×②+1
③개	10개 → 3×③+1
④개	13개 → 3×④+1

따라서, 정사각형이 30개이면
3×㉚+1=90+1=91(개) ←답

참고 이 문제도 20번과 내용이 같은 문제임

— 22 —

23. 바둑돌은 3개씩 많아짐

①째 번 ➡ 2개 → 3×①−1

②째 번 ➡ 5개 → 3×②−1

③째 번 ➡ 8개 → 3×③−1

④째 번 ➡ 11개 → 3×④−1

따라서, 10째 번에서는

3×⑩−1=30−1

　　　=29(개) ← 🖐

24. 공깃돌은 3개씩 많아짐

①째 번 ➡ 1개 → 3×①−2

②째 번 ➡ 4개 → 3×②−2

③째 번 ➡ 7개 → 3×③−2

④째 번 ➡ 10개 → 3×④−2

따라서, 7째 번, 8째 번에서는

3×7−2=21−2=19(개)

3×8−2=24−2=22(개)

　　🖐 19개, 22개

p. 109

25. 정삼각형의 개수는

1째 번 ➡ 1개

2째 번 ➡ 4개 → 1+3

3째 번 ➡ 9개 → 1+3+5

따라서, 10째 번에는

1+3+5+7+9+11+13+15+17+19

=100(개) ← 🖐

26. 25번처럼 생각하면

1+3+5+7+9+11+13+15

=64(개) ← 🖐

27. 1+3+5+7+9+11+13

=49(개) ← 🖐

28. 1째 번 ➡ 1개

②째 번 ➡ 5개 → 5×(②−1)

③째 번 ➡ 10개 → 5×(③−1)

④째 번 ➡ 15개 → 5×(④−1)

따라서, 10째 번에는

5×(⑩−1)=45(개) ← 🖐

29. ○●●이 반복되므로

[○●●], [○●●], [○●●]과
같이 3개를 한 묶음으로 생각함

(1) 15÷3=5 → [○●●]이 5개임

즉 [○●●] ⋯ [○●●]
　　　　　　　　(15째 번)

(2) 25÷3=8 ⋯ 1 → [○●●]
이 8개이고 1개가 남음

[○●●] ⋯ [○●●]○
└──8개──┘　(25째 번)

(3) 98÷3=32 ⋯ 2 → [○●●]
이 32개이고 2개가 남음

[○●●] ⋯ [○●●]○●
└──32개──┘　(98째 번)

🖐 (1) 검은색 (2) 흰색 (3) 검은색

30. [○●], [○●●], [○●●●]
과 같이 묶으면
2+3+4+5+6+7+8=35이므로
36째 번은 다음과 같음

[○●] ⋯ [○●●●●●●●]
└──35개──┘

[○●●⋯●]
　　↑
　(36째 번)

🖐 흰색

31. ○●○○●●●이 반복되므로
[○●○○●●●]을 한묶음으로
생각함

74÷7=10 ⋯ 4 →

[○●○○●●●]

이 10개이고 4개가 남음

[○●○○●●●] ⋯ [○●○○●●●]
└────10개────┘

○●○○
　　↑
　(74째 번)

🖐 흰색

32. 가로로 놓인 수수깡의 수와 세로로 놓인 수수깡의 수를 더함

①째 번 ➡
가로가 1개씩 2번
세로가 1개씩 2번이므로
(①×2)+(①×2)=2+2=4(개)

②째 번 ➡
가로가 2개씩 3번
세로가 2개씩 3번이므로
(②×3)+(②×3)=12(개)

③째 번 ➡
가로가 3개씩 4번
세로가 3개씩 4번이므로
(③×4)+(③×4)=24(개)

(1) 가로가 ④개씩 5번
세로가 ④개씩 5번이므로
(4×5)+(4×5)=40(개) ← 🖐

(2) 가로가 ⑩개씩 11번
세로가 ⑩개씩 11번이므로
(10×11)+(10×11)
=220(개) ← 🖐

p. 110

01. 1+2+3+4+5+6=21(개) ← 🖐

02. 1+2+3+4+5+6+7+8+9
=45(개) ← 🖐

03. 1+2+3+4+5=15(개) ← 🖐

04. 1+2+3+4+5+6+7
=28(개) ← 🖐

05. 1+3+5+7+9+11+13+15
=64(개) ← 🖐

06. 1째 번 ➡ 1개 → 1×1

2째 번 ➡ 4개 → 2×2

3째 번 ➡ 9개 → 3×3

4째 번 ➡ 16개 → 4×4

따라서, 10째 번에는

10×10=100(개) ← 🖐

07. 1　3　6
　＼／＼／
　+2　+3

⇒ 1+3+6=10(개) ← 🖐

08. 1　3　6　10　15
　＼／＼／＼／＼／
　+2 +3 +4 +5

⇒ 1+3+6+10+15
=35(개) ← 🖐

09. 1층 ➡ 1개 → 1×1

2층 ➡ (1+4)개 → (1×1)(2×2)

3층 ➡ (1+4+9)개
　　　→ (1×1)+(2×2)+(3×3)

따라서, 6층까지 쌓을 경우는

(1×1)+(2×2)+(3×3)+(4×4)
　　　　　　　　+(5×5)+(6×6)

=1+4+9+16+25+36

=91(개) ← 🖐

— 23 —

10.
$$1 \quad 4 \quad 9$$
$$\quad +3 \quad +5$$

⇒ 1+4+9=14(개) ←답

참고 (1×1)+(2×2)+(3×3)
　　 =1+4+9=14(개)

11.
$$1 \quad 4 \quad 9 \quad 16$$
$$\quad +3 \quad +5 \quad +7$$

⇒ 1+4+9+16=30(개) ←답

참고 (1×1)+(2×2)+(3×3)+(4×4)
　　 =1+4+9+16=30(개)

12.
$$1 \quad 4 \quad 9 \quad 16 \quad 25$$
$$\quad +3 \quad +5 \quad +7 \quad +9$$

⇒ 1+4+9+16+25
　 =55(개) ←답

참고 (1×1)+(2×2)+(3×3)
　　　　　　　　 +(4×4)+(5×5)
　　 =1+4+9+16+25=55(개)

13.
$$1 \quad 4 \quad 9 \quad 16 \quad 25 \quad 36 \quad 49$$
$$\quad +3 \quad +5 \quad +7 \quad +9 \quad +11 \quad +13$$

⇒ 1+4+9+16+25+36+49
　 =140(개) ←답

참고 (1×1)+(2×2)+(3×3)+(4×4)
　　　　 +(5×5)+(6×6)+(7×7)
　　 =1+4+9+16+25+36+49
　　 =140(개)

14.
$$1 \quad 4 \quad 9 \quad 16 \quad 25 \quad 36 \quad 49 \quad 64$$
$$\quad +3 \quad +5 \quad +7 \quad +9 \quad +11 \quad +13 \quad +15$$

⇒ 1+4+9+16+25+36+49+64
　 =204(개) ←답

15. 예 미나가 말한 수보다 3만큼 큰
　　 수를 말합니다.

16. 18=(미나)+3이므로 미나가 말한
　　 수는 15입니다.　　　　답 15

17. 예 민구가 말한 수의 3배를 말합
　　 니다.

18. (송희)=(민규)+7이므로
　　 (송희)=19+7=26　　　답 26

19. 24=(민규)+7이므로
　　 (민규)=24−7=17　　　답 17

01.
02.
03.
04.
05.
06.
07.
08.
09.
10.
11.

12.
위　　아래　　왼쪽　　오른쪽

13. 예

14. 예

15. 예

16. 예

17. 예

18. 예

19. 다음 네 가지 모두 답입니다.

20. 다음 네 가지 모두 답입니다.

01.
180°　　　270°　　　360°

02.
180°　　　270°　　　360°

03.
90°　　　180°　　　270°

04. 예

05. 예

— 24 —

06. 다음 네 개가 모두 답입니다.

07. 다음 네 개가 모두 답입니다.

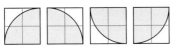

08. 다음 네 개가 모두 답입니다.

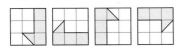

p. 115

09.

① 밀기   ② 180° 돌리기
③ 360° 돌리기(또는 밀기)
④ 180° 돌리기

⊞ 밀기, 돌리기

10.

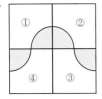

① 오른쪽으로 90° 돌리기
  (아래로 뒤집기)
② 180° 돌리기
③ 밀기(360° 돌리기)
④ 왼쪽으로 90° 돌리기
  (왼쪽으로 뒤집기)

⊞ 돌리기, 밀기, 뒤집기

11.

① 밀기
② 왼쪽, 오른쪽으로 뒤집기
  (90° 돌리기)

⊞ 밀기, 뒤집기, 돌리기

12.

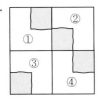

① 오른쪽으로 90° 돌리기
  (왼쪽, 오른쪽으로 뒤집기)
② 왼쪽으로 90° 돌리기
  (위, 아래로 뒤집기)
③ 왼쪽으로 90° 돌리기
  (위, 아래로 뒤집기)
④ 오른쪽으로 90° 돌리기
  (왼쪽, 오른쪽으로 뒤집기)

⊞ 돌리기, 뒤집기

13. 밀기, 돌리기

14.

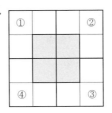

① 왼쪽, 오른쪽으로 뒤집기
  (왼쪽으로 90° 돌리기)
② 밀기
③ 위, 아래로 뒤집기
  (오른쪽으로 90° 돌리기)
④ 180° 돌리기

⊞ 뒤집기, 밀기, 돌리기

15. ①, ②, ③

16.

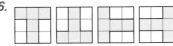

p. 116

01. 각 층의 쌓기나무의 개수는 2개씩
불어남

$$\underbrace{1,\ 3,\ 5,\ 7}_{+2\ +2\ +2}$$

10층까지 쌓을 때, 1층의 개수는

$$1+\underbrace{(2+2+2+\cdots+2)}_{9개}$$

$=19(개)$ ← ⊞

02. $1+3+5+7+9+11+13+15$
$=64(개)$ ⊞

03.

순서	1	2	3	…	7
바둑돌	3×1	3×2	3×3	…	3×7

⊞ 21개

04.

1째 번	2째 번	3째 번	…	10째 번
4×1	4×2	4×3	…	4×10

⊞ 40개

05. 바둑돌이 3개씩 늘어남

$$1+\underbrace{(3+3+3+\cdots+3)}_{7개}$$

$=22(개)$ ← ⊞

06. ① ② ⚠ 이 반복됨

$15÷3=5$이므로 15째 번은 ▲

⊞ ▲

07.

순서	1	2	3	…	15
바둑돌	5×1	5×2	5×3	…	5×15

$5×15=75(개)$ ← ⊞

08. 동전의 개수 ⇒
$1+2+3+4+5+6+7+8+9+10$
$=55(개)$
$55×500=27500(원)$ ← ⊞

p. 117

09. 32, 36 〔4씩 커짐〕

10.

$$\underbrace{100}\ \underbrace{90}\ \underbrace{95}\ \underbrace{85}\ \underbrace{90}\ \underbrace{80}\ \underbrace{85}$$
$$-10\ +5\ -10\ +5\ -10\ +5$$

⊞ 80, 85

11.

$$\underbrace{3\ \ 4\ \ 6\ \ 9\ \ 13\ \ 18\ \ 24\ \ 31}_{+1\ +2\ +3\ +4\ +5\ +6\ +7}$$

⊞ 24, 31

12. ② 뒤집기 ⑤ 돌리기

⊞ ①, ③, ④

13. ③

④

⊞ ③, ④

14. ④ 뒤집기   ⊞ ①, ②, ③, ⑤

15. ② 밀기, 돌리기, 뒤집기 모두 가능
③ 뒤집기, 돌리기 모두 가능

⊞ ①, ④, ⑤

16. ③ 밀기
⑤ 뒤집기, 돌리기 모두 가능

⊞ ①, ②, ④

p. 118

01.

$$\underbrace{6층}\ \underbrace{5층}\ \underbrace{4층}\ \underbrace{3층}\ \underbrace{2층}\ \underbrace{1층}$$
$$1\ \ \ 4\ \ \ 7\ \ \ 10\ \ \ 13\ \ \ 16$$
$$+3\ +3\ +3\ +3\ +3$$

— 25 —

$1+4+7+10+13+16$
$=51$(개) ←㉠

02. $1+2+3+4+5+6+7+8+9+10$
$+11+12+13+14+15$
$=120$(개) ←㉠

[참고] $1+15=16$, $2+14=16$,
$3+13=16$, ⋯, $7+9=16$
이므로 $16×7+8=112+8=120$

03. $7 \quad 12 \quad 17$
$\underbrace{\quad}_{+5} \underbrace{\quad}_{+5}$
5씩 불어나므로 여섯 번째는
$7+(5+5+5+5+5)$
$=32$(장) ←㉠

04. $5 \quad 9 \quad 13$
$\underbrace{\quad}_{+4} \underbrace{\quad}_{+4}$
4씩 불어나므로 7째 번은
$5+(4+4+4+4+4+4)$
$=29$(개) ←㉠

05. 정삼각형을 하나씩 만들 때마다
성냥개비는 2개씩 필요하므로 정
삼각형이 15개이면
$3+(2+2+2+2+2+2+2+2+2$
$+2+2+2+2+2)$
$=3+2×14=3+28$
$=31$(개) ←㉠

[참고] $2×□+1$꼴이고, $□=15$이므로
$2×15+1=30+1=31$(개)

06. [○●●]이 반복됨
$83÷3=27⋯2$
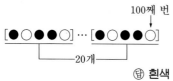
27개
83째 번
㉠ 검은색

07. [●○●●○]이 반복됨
$100÷5=20$
100째 번
[●○●●○] ⋯ [●○●●○]
20개
㉠ 흰색

08. [●●○○●○]이 반복됨
$95÷6=15⋯5$
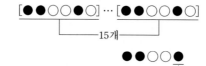
15개
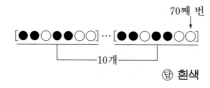
95째 번
㉠ 검은색

09. [●●○●●○○]이 반복됨
$70÷7=10$
70째 번
[●●○●●○○] ⋯ [●●○●●○○]
10개
㉠ 흰색

p. 119

10. 2째 번
➡ 흰 바둑돌이 2개 더 많음
4째 번
➡ 흰 바둑돌이 4개 더 많음
6째 번
➡ 흰 바둑돌이 6개 더 많음
8째 번
➡ 흰 바둑돌이 8개 더 많음
10째 번
➡ 흰 바둑돌이 10개 더 많음
12째 번
➡ 흰 바둑돌이 12개 더 많음
㉠ 흰 바둑돌, 12개

11. 바둑돌의 수를 맨 윗줄부터 세어
표로 나타내면 다음과 같음

돌	1	2	3	4	5	6	7	8	9	10	11	12
색	백	흑	백	흑	백	흑	백	흑	백	흑	백	흑

흰 바둑돌
➡ $1+3+5+7+9+11=36$(개)
검은 바둑돌
➡ $2+4+6+8+10+12=42$(개)
$42-36=6$(개)
㉠ 검은 바둑돌, 6개

12. 1째 번 ➡ 1개 → $(2-1)×(2-1)$
2째 번 ➡ 9개 → $(4-1)×(4-1)$
3째 번 ➡ 25개 → $(6-1)×(6-1)$
4째 번 ➡ 49개 → $(8-1)×(8-1)$
따라서, 10째 번에는
$(20-1)×(20-1)=19×19$
$=361$(개) ←㉠

13. 2째 번 ➡ 검은 바둑돌이 8개 많음
→ $8×(2÷2)=8×1=8$
6째 번 ➡ 검은 바둑돌이 24개 많음
→ $8×(6÷2)=8×3=24$
㉠ 24개

14. 예

15. ① 밀기 → 오른쪽으로 90° 돌리기
② 왼쪽, 오른쪽으로 뒤집기 →
오른쪽으로 90° 돌리기
③ 왼쪽으로 90° 돌리기
④ 왼쪽으로 90° 돌리기 →
오른쪽(왼쪽)으로 180° 돌리기
⑤ 밀기 → 180° 돌리기
㉠ ①, ③, ④, ⑤

16. ①

17. ①, ③, ④

— 26 —

고난도 문제 해답

p. 121

01. 30

해설 ① $9+4\times9-5=9+36-5=40$

② $9+32\div\{8\times4\}$
$=9+32\div32=9+1=10$

02. ⑤, ②, ①, ③, ④

해설 ① $67+60-27=100$

② $24\times5-17=120-17=103$

③ $\{16\div4+5\}\times10$
$=\{4+5\}\times10=90$

④ $\{40\times3-20\}\div10$
$=\{120-20\}\div10$
$=100\div10=10$

⑤ $\{22\times6-86\div2\}\times3$
$=\{132-43\}\times3$
$=89\times3=267$

03. 247 [221+26=247]

해설 ① $200+\{51\times8-366\}\div2$
$=200+\{408-366\}\div2$
$=200+42\div2=200+21=221$

② $257-48-183=26$

04. 79 [64+15=79]

해설 ① $24+5\times\{4+4\}=24+5\times8$
$=24+40=64$

② $31-2\times\{4+4\}=31-16=15$

05. 212

해설 $20+\{22\times3+30\}\times2$
$=20+\{66+30\}\times2=20+96\times2$
$=20+192=212$

06. 32

해설 $17+5\times\{16-(7+3)+2\}-25$
$=17+5\times\{16-10+2\}-25$
$=17+5\times8-25=17+40-25=32$

07. 71

해설 $80-8-\{60\div4-14\}$
$=80-8-\{15-14\}=72-1=71$

08. 79

해설 $91-9-\{30\div2-2\times6\}$
$=91-9-\{15-12\}=82-3=79$

09. 식 $(6500\div5)\times4$
$+(5700\div6)\times2$
$+(1050\div7)\times3=7550$

답 7550원

해설 사과 1개 ⇒ $6500\div5=1300$(원)

사과 4개 ⇒ $1300\times4=5200$(원)

감 1개 ⇒ $5700\div6=950$(원)

감 2개 ⇒ $950\times2=1900$(원)

귤 1개 ⇒ $1050\div7=150$(원)

귤 3개 ⇒ $150\times3=450$(원)

10. 식 $(13+13\times2-3)\div6=6$

답 6명

해설 여학생 수 ⇒ $13\times2-3=23$(명)

남자+여자 ⇒ $13+23=36$(명)

11. 식 $(5000-3700+2100-450$
$\times2)\div2=1250$ 답 1250원

해설 받은 돈 ⇒ $5000+2100$
$=7100$(원)

쓴 돈 ⇒ $3700+450\times2$
$=4600$(원)

남은 돈 ⇒ $7100-4600$
$=2500$(원)

동생에게 준 돈 ⇒ $2500\div2$
$=1250$(원)

p. 122

12. 식 $(20+20-4)\times6-5=211$

답 211명

해설 여학생 ⇒ $20-4=16$(명)

인철이네 반 ⇒ $20+16=36$(명)

4학년 ⇒ $36\times6-5=216-5$
$=211$(명)

13. 식 $(640\div2)\times5-(750\div5)\times9$
$=250$ 답 250 g

해설 사과 1개 ⇒ $640\div2=320$(g)

사과 5개 ⇒ $320\times5=1600$(g)

귤 1개 ⇒ $750\div5=150$(g)

귤 9개 ⇒ $150\times9=1350$(g)

14. 식 $10000-3600\div3\times5-3800$
$\div4\times3=1150$ 답 1150원

해설 사과 값 ⇒ $3600\div3\times5=1200\times5$
$=6000$(원)

참외 값 ⇒ $3800\div4\times3=950\times3$
$=2850$(원)

거스름돈 ⇒ $10000-6000-2850$
$=1150$(원)

15. 37개

해설 준석 ⇒ $13+14=27$(개)

효석 ⇒ $27\times2-5=49$(개)

남은 구슬
$\Rightarrow 150-27-49=74$(개)

미라 ⇒ $74\div2=37$(개)

16. 15권

해설 중학생 ⇒ $4\times10=40$(권)

고등학생 ⇒ $15\times6=90$(권)

나머지 ⇒ $250-40-90=120$(권)

초등학생 ⇒ $120\div8=15$(권)

17. 식 $\{(2000+3000)\times2+300\}\times2$
$-1000=19600$ 답 19600원

해설 우석 ⇒ $2000+3000=5000$(원)

정남 ⇒ $5000\times2+300$
$=10300$(원)

수남 ⇒ $10300\times2-1000$
$=19600$(원)

18. 650원

해설 연필 1자루 ⇒ $3000\div12=250$(원)

공책 1권 ⇒ $1800\div4=450$(원)

지우개 1개 ⇒ $250-50=200$(원)

연필 5자루 ⇒ $250\times5=1250$(원)

공책 6권 ⇒ $450\times6=2700$(원)

지우개 2개 ⇒ $200\times2=400$(원)

거스름돈 ⇒ $5000-1250-2700$
$-400=650$(원)

19. 250 g

해설 사탕 5봉지 ⇒ $2050-1300$
$=750$(g)

사탕 1봉지 ⇒ $750\div5=150$(g)

사탕 7봉지 ⇒ $150\times7=1050$(g)

상자 ⇒ $1300-1050=250$(g)

20. 260 g

해설 비누 6개 ⇒ $2010-1260=750$(g)

비누 1개 ⇒ $750\div6=125$(g)

비누 8개 ⇒ $125\times8=1000$(g)

상자 ⇒ $1260-1000=260$(g)

p. 123

01. 64

해설 $32\div2\times\{50-13-5\}\div8$

$$=16 \times \{37-5\} \div 8$$
$$=16 \times 32 \div 8=64$$

02. 290

해설 $320-4-\{40 \div 4+2 \times 8\}$
$$=316-\{10+16\}$$
$$=316-26=290$$

03. 133

해설 ① $150-\{8 \times 9 \div 6\}+15$
$$=150-\{72 \div 6\}+15$$
$$=150-12+15=153$$
② $95-\{20+20 \div 4\} \times 3$
$$=95-\{20+5\} \times 3$$
$$=95-25 \times 3=95-75=20$$

04. $(24-5)$

05. $76-\{(5+15) \div 4+10\} \times 2=46$

06. 5

해설 ① $135-75 \div \{7 \times \square-10\}=132$
$75 \div \{7 \times \square-10\}=☆$라 하면
$135-☆=132,$
$☆=135-132=3$
② $75 \div \{7 \times \square-10\}=3$
$\{7 \times \square-10\}=▲$라 하면
$75 \div ▲=3, ▲=75 \div 3=25$
③ $7 \times \square-10=25$
$7 \times \square=●$라 하면
$●-10=25, ●=25+10=35$
④ $7 \times \square=35, 35 \div 7=5$

07. 123

해설 ① $▲ \div 5=100$에서
$▲=100 \times 5=500$
② $☆+8=▲$에서
$☆+8=500, ☆=500-8=492$
③ $\square \times 4=☆$에서 $\square \times 4=492,$
$\square=492 \div 4=123$

08. 450g

해설 ① 사과 4개의 무게 ⇒
$5250-4050=1200(g)$
② 사과 12개의 무게 ⇒
$(1200 \div 4) \times 3=3600(g)$
③ 바구니의 무게 ⇒
$4050-3600=450(g)$

09. 6자루

해설 ① 21다스 ⇒ $12 \times 21=252$(자루)
② 나누어 줄 연필 ⇒
$252-42=210$(자루)
③ 한 학생이 받을 연필 ⇒
$210 \div (19+16)=210 \div 35=6$

10. 133마리

해설 ① 상희 ⇒ $27+23=50$(마리)
② 인철 ⇒ $50 \times 2-17$

$$=100-17=83(마리)$$
③ 상희와 인철 ⇒
$$50+83=133(마리)$$

11. 40

해설 어떤 수를 $\square$라 하면
잘못 계산한 것 ⇒
① $\square \times 9+30=840$
$\square \times 9=☆$라 하면
$☆+30=840,$
$☆=840-30=810$
② $\square \times 9=810, \square=810 \div 9=90$
바른 계산 ⇒
$90 \div 9+30=10+30=40$

p. 124

12. 13살

해설 해교의 나이를 $\square$라 하면
① $\square \times 4-5=47$
$\square \times 4=☆$라 하면
$☆-5=47, ☆=47+5=52$
② $\square \times 4=52, \square=52 \div 4=13$

13. 13840원

해설 처음에 가진 돈을 $\square$라 하면
① $\square \div 2-750 \times 8=920$
$\square \div 2-6000=920$
② $\square \div 2=☆$라 하면
$☆-6000=920,$
$☆=920+6000=6920$
③ $\square \div 2=6920,$
$\square=6920 \times 2=13840$

14. 60 g

해설 밀가루 한 컵의 무게를 $\square$라 하면
① $3000-600 \times 4+2 \times \square=720$
$3000-2400+2 \times \square=720$
$600+2 \times \square=720$
② $2 \times \square=☆$라 하면
$600+☆=720,$
$☆=720-600=120$
③ $2 \times \square=120,$
$\square=120 \div 2=60$

15. 500원

해설 색종이 한 묶음의 값을 $\square$라 하면
① $5000-900 \times 3-4 \times \square=300$
$5000-2700-4 \times \square=300$
$2300-4 \times \square=300$

② $4 \times \square=☆$라 하면
$2300-☆=300,$
$☆=2300-300=2000$
③ $4 \times \square=2000,$
$\square=2000 \div 4=500$

16. 6개

해설 참외의 개수를 $\square$라 하면
① $10000-1200 \times 3-950 \times \square$
$=700$
$10000-3600-950 \times \square=700$
$6400-950 \times \square=700$
② $950 \times \square=☆$라 하면
$6400-☆=700,$
$☆=6400-700=5700$
③ $950 \times \square=5700,$
$\square=5700 \div 950=6$

17. 24자루

해설 연필의 자루 수를 $\square$라 하면
① $13000-800 \times 7-300 \times \square$
$=200$
$13000-5600-300 \times \square=200$
$7400-300 \times \square=200$
② $300 \times \square=☆$라 하면
$7400-☆=200,$
$☆=7400-200=7200$
③ $300 \times \square=7200,$
$\square=7200 \div 300=24$

18. 700원

해설 딸기잼 1병의 값을 $\square$라 하면
① $5000-600 \times 2-340 \times 2-\square$
$\times 4=320$
$5000-1200-680-\square \times 4$
$=320$
$3120-\square \times 4=320$
② $\square \times 4=☆$라 하면
$3120-☆=320,$
$☆=3120-320=2800$
$\square \times 4=2800,$
$\square=2800 \div 4=700$

19. 5200원

해설 ① 연필 1자루 ⇒
$3000 \div 12=250$(원)
② 연필 8자루 ⇒
$250 \times 8=2000$(원)
③ (연필)+(위인전)
$=2000+7200=9200$(원)
④ 부족한 돈 ⇒
$9200-4000=5200$(원)

20. 2다스

해설 ① 연필 30다스 ⇒

$12 \times 30 = 360$(자루)

② 남학생 16명에게 9자루씩 주면

　$\Rightarrow$ $16 \times 9 = 144$(자루)

③ 여학생 14명에게 10자루씩

　주면 $\Rightarrow$ $14 \times 10 = 140$(자루)

④ 남은 연필 $\Rightarrow$

　$360 - 144 - 140 = 76$(자루)

⑤ 남학생과 여학생 $\Rightarrow$

　$16 + 14 = 30$(명)

⑥ 30명에게 3자루씩 주면 $\Rightarrow$

　$30 \times 3 = 90$(자루)

⑦ 부족한 연필 $\Rightarrow$

　$90 - 76 = 14$(자루)

　$14 = 12 + 2$ $\Rightarrow$ 1다스 2자루이

　므로 2다스가 필요함

p. 125

01. 2로 나누면 나머지가 1이 되는 자

연수는 1, 3, 5, 7, 9, 11, 13, … 임

따라서, 분자가 4인 진분수는

$\dfrac{4}{5}, \dfrac{4}{7}, \dfrac{4}{9}, \dfrac{4}{11}, \dfrac{4}{13}, \dfrac{4}{15}, \dfrac{4}{17},$

$\dfrac{4}{19}, \cdots$　답 $\dfrac{4}{5}, \dfrac{4}{7}, \dfrac{4}{9}, \dfrac{4}{11}, \dfrac{4}{13}$

02. 두 진분수의 분자를 ㉮, ㉯라고 하면

㉮	1	2	3	4	5
㉯	9	8	7	6	5
합	10	10	10	10	10
차	8	6	4	2	0

따라서, 두 진분수는

$\dfrac{3}{10}, \dfrac{7}{10}$ ← 답

03. 가분수이므로 (분모)<(분자)임

조건에서 (분모)+(분자)=35

　　　(분자)=6×(분모)

분모	2	3	4	5
분자	12	18	24	30
합	14	21	28	35

따라서, 가분수는 $\dfrac{30}{5}$ ← 답

04. ① 구하는 분수는 $4\dfrac{()}{6}$, $5\dfrac{()}{6}$

② 분자를 분모로 나누면 나머지

가 3 또는 4이므로 구하는 분

수는 $\Rightarrow$ $4\dfrac{3}{6}, 4\dfrac{4}{6}, 5\dfrac{3}{6}, 5\dfrac{4}{6}$를

가분수로 나타내면

$\dfrac{27}{6}, \dfrac{28}{6}, \dfrac{33}{6}, \dfrac{34}{6}$ ← 답

05. ①
$\dfrac{1}{7}$	$\dfrac{2}{7}$	$\dfrac{3}{7}$	$\dfrac{4}{7}$	$\dfrac{5}{7}$	$\dfrac{6}{7}$	$\dfrac{7}{7}$
$\dfrac{8}{7}$	$\dfrac{9}{7}$	$\dfrac{10}{7}$	$\dfrac{11}{7}$	$\dfrac{12}{7}$	$\dfrac{13}{7}$	$\dfrac{14}{7}$
$\dfrac{15}{7}$	$\dfrac{16}{7}$	$\dfrac{17}{7}$	$\dfrac{18}{7}$	$\dfrac{19}{7}$	$\dfrac{20}{7}$	$\dfrac{21}{7}$
$\dfrac{22}{7}$	$\dfrac{23}{7}$	$\dfrac{24}{7}$	$\dfrac{25}{7}$	$\dfrac{26}{7}$	$\dfrac{27}{7}$	$\dfrac{28}{7}$
$\dfrac{29}{7}$	$\dfrac{30}{7}$	$\dfrac{31}{7}$	$\dfrac{32}{7}$	$\dfrac{33}{7}$	$\dfrac{34}{7}$	$\dfrac{35}{7}$

$\dfrac{36}{7}$ $\dfrac{37}{7}$ $\dfrac{38}{7}$ $\dfrac{39}{7}$

② 위에서 $\dfrac{7}{7} = 1$, $\dfrac{14}{7} = 2$,

　　$\dfrac{21}{7} = 3$, $\dfrac{28}{7} = 4$, $\dfrac{35}{7} = 5$

③ $1+2+3+4+5 = 15$

답 $\dfrac{7}{7}, \dfrac{14}{7}, \dfrac{21}{7}, \dfrac{28}{7}, \dfrac{35}{7}$　합: 15

06. 자연수가 2 $\rightarrow$ $2\dfrac{4}{5}, 2\dfrac{4}{7}, 2\dfrac{5}{7}$

자연수가 4 $\rightarrow$ $4\dfrac{2}{5}, 4\dfrac{2}{7}, 4\dfrac{5}{7}$

자연수가 5 $\rightarrow$ $5\dfrac{2}{4}, 5\dfrac{2}{7}, 5\dfrac{4}{7}$

자연수가 7 $\rightarrow$ $7\dfrac{2}{4}, 7\dfrac{2}{5}, 7\dfrac{4}{5}$

답 12개

07. $7\dfrac{5}{9}$

08. ① $\dfrac{6}{1}, \dfrac{6}{2}, \dfrac{6}{3}, \dfrac{6}{4}, \dfrac{6}{5}, \dfrac{6}{6}$ $\rightarrow$ 6개

② $\dfrac{1}{6}, \dfrac{2}{6}, \dfrac{3}{6}, \dfrac{4}{6}, \dfrac{5}{6}$ $\rightarrow$ 5개

③ $2\dfrac{5}{6}, 2\dfrac{5}{7}, 2\dfrac{5}{8}, 2\dfrac{5}{9}, 2\dfrac{6}{9},$

$2\dfrac{7}{9}, \cdots$ $\rightarrow$ 무수히 많음

답 ②, ①, ③

p. 126

09. ① 구하는 대분수는 $6\dfrac{()}{()}$ 꼴이고

가장 큰 대분수를 구하므로 분

모는 10임 $\Rightarrow$ $6\dfrac{()}{10}$

② 가분수로 고치면

$6\dfrac{()}{10} = \dfrac{60 + ()}{10}$

③ 분자는 8의 배수이므로

(분자) $\Rightarrow$ 64, 72, 80, 88, …

④ $60 + () = 64$, $() = 4$

답 $6\dfrac{4}{10}$

10. ㉠=4, 5이므로

$4\dfrac{7}{8} = \dfrac{㉡}{8}$, $5\dfrac{7}{8} = \dfrac{㉡}{8}$

$\dfrac{39}{8} = \dfrac{㉡}{8}$, $\dfrac{47}{8} = \dfrac{㉡}{8}$

따라서, ㉡=39, 47 ← 답

11. 가분수 $\rightarrow$ $\dfrac{9}{2}$, 대분수 $\rightarrow$ $4\dfrac{1}{2}$

12. 3<㉮<6에서 ㉮ $\Rightarrow$ 4, 5

① ㉮=4이면

$4\dfrac{4}{9} = \dfrac{40}{9}$ $\Rightarrow$ ㉯=40

② ㉮=5이면

$5\dfrac{4}{9} = \dfrac{49}{9}$ $\Rightarrow$ ㉯=49

답 40, 49

13. $3\dfrac{1}{4}, 3\dfrac{1}{5}, 3\dfrac{4}{5}, 3\dfrac{1}{7}, 3\dfrac{4}{7}, 3\dfrac{5}{7},$

$4\dfrac{1}{3}, 4\dfrac{1}{5}, 4\dfrac{3}{5}, 4\dfrac{1}{7}, 4\dfrac{3}{7}, 4\dfrac{5}{7}$

14. $\dfrac{3}{2}, \dfrac{4}{3}, \dfrac{5}{3}, \dfrac{5}{4}, \dfrac{6}{4}, \dfrac{6}{5}$　답 6개

15. ① 2<(가분수)<4

② (분모)=5이므로 $\dfrac{()}{5}$ 꼴임

③ (　)÷5의 나머지가 2 또는 3이

므로

조건 ①, ②에 의하면

$\dfrac{11}{5}, \dfrac{12}{5}, \dfrac{13}{5}, \dfrac{14}{5}, \dfrac{15}{5},$

$\dfrac{16}{5}, \dfrac{17}{5}, \dfrac{18}{5}, \dfrac{19}{5}$

위의 분수 중 조건 ③을 만족하는

것은

$\dfrac{12}{5}, \dfrac{13}{5}, \dfrac{17}{5}, \dfrac{18}{5}$ ← 답

16. $2\dfrac{4}{5}, 2\dfrac{4}{5}, 2\dfrac{3}{5}, 2\dfrac{3}{5}, 2\dfrac{2}{5}$

답 5개

17. (1) 자연수 부분이 5 또는 6이고,

분모가 6인 대분수를 생각하면

$5\dfrac{1}{6}, 5\dfrac{2}{6}, 5\dfrac{3}{6}, 5\dfrac{4}{6}, 5\dfrac{5}{6}$

$6\dfrac{1}{6}, 6\dfrac{2}{6}, 6\dfrac{3}{6}, 6\dfrac{4}{6}, 6\dfrac{5}{6}$

(2) 자연수 부분이 6인 대분수는

분모가 2일 때 : $6\dfrac{1}{2}$

분모가 3일 때 : $6\dfrac{1}{3}, 6\dfrac{2}{3}$

분모가 4일 때 : $6\dfrac{1}{4}, 6\dfrac{2}{4}, 6\dfrac{3}{4}$

분모가 5일 때 :

$$6\frac{1}{5},\ 6\frac{2}{5},\ 6\frac{3}{5},\ 6\frac{4}{5}$$

분모가 6일 때 :

$$6\frac{1}{6},\ 6\frac{2}{6},\ 6\frac{3}{6},\ 6\frac{4}{6},\ 6\frac{5}{6}$$

$\rightarrow 1+2+3+4+5=15$(개)

⊕ **(1) 10개 (2) 15개**

p. 127

01. 7

해설 ① ㉯는 ㉰의 100배보다 0.8이
더 큰 수 ⇒

$0.389 \xrightarrow{100배} 38.9 \xrightarrow[큰\ 수]{0.8} 39.7$

따라서, ㉯ ⇒ 39.7

② ㉮는 ㉯의 $\frac{1}{10}$이므로

$39.7 \xrightarrow{\frac{1}{10}} 3.97$

02. 42.075

해설 ㉮ ⇒ 4.207
㉯는 ㉮의 100배이므로
㉯ ⇒ 420.7
㉰는 ㉯보다 0.05 큰 수의 $\frac{1}{10}$이므로

$420.7 \xrightarrow[큰\ 수]{0.05} 420.75 \xrightarrow{\frac{1}{10}} 42.075$

03. 6.843

해설 ②에서 6.□□3
③에서 6.8□3
④에서 6.843

04. 0.0955

해설 ① 9.78보다 0.23 작은 수 ⇒ 9.55
② (어떤 수)$\xrightarrow{100배}$9.55

$9.55 \xrightarrow{\frac{1}{100}}$ (어떤 수)

따라서, 어떤 수는 0.0955

05. 0, 9 [1□8<10□에서 생각]

06. 10개

해설 807, 817, 827, 837, …, 897
└──── 10개 ────┘

07. 80.008, 80.009

해설 구하는 수를 ㉮라 하면
8□□□7<㉮<80.010
㉮ ⇒ 80.008, 80.009

08. 5.104, 5.105, 5.106, 5.107,
5.108, 5.109

해설 5.103<구하는 수<5.110

09. 60.73

해설 $567.3 \xrightarrow{\frac{1}{100}} 5.673 \xrightarrow[큰\ 수]{0.4} 6.073$

$\xrightarrow{10배} 60.73 \Longleftarrow ㉮$

p. 128

10. < [7.⑨05<7.9⓪6]

11. ㉮, ㉯, ㉰

해설 ① ㉮에 0을 넣고 ㉯에 9를 넣으면
99.300>99.298
② ㉯에 0을 넣고 ㉰에 9를 넣으면
90.298>90.296

12. ③

13. ① 0 ② 0 ③ 9 ④ 9

14. ① 0 ② 1 ③ 0 ④ 9

15. 2.769

해설 작은 수부터 쓰면 2.679, 2.697,
2.769, 2.796, …

16. 46.029

17. 0.11, 0.22, 0.29

해설 $0.01 \xrightarrow[큰\ 수]{0.01} 0.02 \xrightarrow[큰\ 수]{0.02} 0.04 \xrightarrow[큰\ 수]{0.03}$
$0.07 \xrightarrow[큰\ 수]{0.04} 0.11 \xrightarrow[큰\ 수]{0.05} 0.16 \xrightarrow[큰\ 수]{0.06}$
$0.22 \xrightarrow[큰\ 수]{0.07} 0.29$

18. 0.815

해설

0.8 0.805 0.81 0.815 0.82

19. 3.862

해설 ②에서 구하는 수는 3.8□□
③에서 구하는 수는 3.86□
④에서 3+8+6+□=19,
□=2

20. 희수 ⇒ 0.8m, 진규 ⇒ 1.2m

해설 희수 ⇒ 400÷5=80(cm)
진규 ⇒ (320÷8)×3=120(cm)

p. 129

01. 0.001m

해설 $10 \xrightarrow{\frac{1}{10}} 1 \xrightarrow{\frac{1}{10}} 0.1 \xrightarrow{\frac{1}{10}} 0.01$

$\xrightarrow{\frac{1}{10}} 0.001$

02. 17.028

해설 5자리 자연수 중 15000에 가장 가
까운 수를 구함

03. 보건소, 경찰서, 우체국, 소방서

04. ㉮

해설 ㉮ $4.7 \xrightarrow{\frac{1}{100}} 0.047 \xrightarrow[큰\ 수]{0.2} 0.247$

㉯ $3.58 \xrightarrow{\frac{1}{10}} 0.358 \xrightarrow[작은\ 수]{0.2} 0.158$

05. ㉯ [㉮ ⇒ 4.225, ㉯ ⇒ 4.264]

해설 ㉮

	1의 자리	0.1의 자리	0.01의 자리	0.001의 자리
0.1이 42	4	2		
0.001이 25			2	5
합계	4	2	2	5

㉯

	1의 자리	0.1의 자리	0.01의 자리	0.001의 자리
0.1이 33	3	3		
0.01이 96		9	6	
0.001이 4				4
합계	4	2	6	4

06. 2, 3, 4, 5, 6, 7, 8, 9

07. 0, 1, 2, 3

08. 5.091, 5.092, 5.093, 5.094,
5.095

해설

1의 자리	0.1의 자리	0.01의 자리	0.001의 자리
5	0	9	6

따라서, 5.09보다 크고 5.096보다
작은 소수를 찾으면
5.091, 5.092, 5.093, 5.094, 5.095

09. 12개

해설 0.891, 0.892, 0.893, 0.894, …,
0.902

10. ㉰, ㉮, ㉯

해설 ㉮ 4.502 ㉯ 4.486 ㉰ 4.535
㉰

	1의 자리	0.1의 자리	0.01의 자리	0.001의 자리
0.1이 42	4	2		
0.01이 31			3	1
0.001이 25			2	5
합계	4	5	3	5

11. ③, ②, ⑤, ④, ①

해설 ① 80m ② 808m ③ 8080m
④ 80.8m ⑤ 800.8m

12. ③
해설 ① 0.75 ② 0.75 ③ 75
④ 7.5 ⑤ 7.5

13. ③, ②, ④, ①
해설 ① 3.945 $\xrightarrow{0.1이 5\\작음}$ 3.445 $\xrightarrow{0.01이\\3 큼}$
3.475 $\xrightarrow{0.001이\\2 큼}$ 3.477
② 4.159 $\xrightarrow{0.01이\\3 큼}$ 4.189
③ 4.254 $\xrightarrow{0.01이\\3 작음}$ 4.224
$\xrightarrow{0.001이\\2 큼}$ 4.226
④ 4.211 $\xrightarrow{0.1이\\2 작음}$ 4.011
$\xrightarrow{0.001이\\7 큼}$ 4.018

14. ④, ⑤, ②, ①, ③
해설 ① 74 ② 100 ③ 10
④ 1000 ⑤ 300

15. 9, 1, 0
해설
$$41.\boxed{}02 > 41.\boxed{9}0\boxed{}$$
9
$$41.901 > 4\boxed{1}.999$$
0

16. 0, 9, 9
해설
$$78.5\boxed{}8 < 78.5\boxed{0}\boxed{0}$$
9
$$7\boxed{8}.509 < 7\boxed{}.095$$
9

17. ㉯, ㉮, ㉰
해설 ① ㉮의 빈 칸에는 9, ㉰의 빈 칸
에는 0을 넣으면
㉮ ⇒ 99.498, ㉰ ⇒ 99.600
이므로 ㉰>㉮
② ㉮의 빈 칸에 0, ㉰의 빈 칸에
9를 넣으면
㉮ ⇒ 90.498, ㉰ ⇒ 90.495
이므로 ㉮>㉰

18. 2.33, 2.3

19. 7.251
해설 큰 수부터 쓰면 7.521, 7.512,
7.251, 7.215, ···

20. 1.527
해설 작은 수부터 쓰면 1.257, 1.275,
1.527, 1.572, ···

21. 2.683
해설 작은 수부터 쓰면 2.368, 2.386,
2.638, 2.683, 2.836, 2.863, ···

---

01. 165개
해설 각 층에 있는 쌓기나무의 개수는
1×1, 3×3, 5×5, 7×7, 9×9
따라서,
1+9+25+49+81=165(개)

02. 검정색
해설 ① 2 3 ④ 5 6 7 이 반복됨
80÷7=11 ··· 3 〔 3 〕

03. 흰색
해설 1+2+3+4+5+···+12+13=91
이고, 위에서 홀수는 검정색, 짝수
는 흰색임
100째 번 바둑돌은 14속에 들어있
으므로 흰색임

04. 흰, 8개
해설 흰색 ⇒ 1+3+5+7+9+11
+13+15=64(개)
검정색 ⇒ 2+4+6+8+10+12
+14=56(개)

05. 30번째 줄
해설 1, 2째 줄, 3, 4째 줄, 5, 6째 줄,
···의 바둑돌의 차가 모두 1개씩임

06. 45번
해설 오른쪽 끝의 번호의 규칙은
1, 3, 6, 10, ···
$\underset{+2\ +3\ +4}{}$
따라서, 9째 줄 오른쪽 끝은
1+2+3+4+5+6+7+8+9=45

07. 55개
해설 정삼각형의 한 줄에 놓인 바둑돌
의 개수는 10개임
⇐ (10−1)×3=27
1+2+3+4+5+6+7+8+9+10
=55(개)

08. 81개
해설 ① 정사각형의 한 줄에 놓인 검은
바둑돌의 개수는 11개임
⇐ (11−1)×4=40
② 흰 바둑돌은 한 줄에 9개씩 놓임
따라서, 9×9=81(개)

---

09. 46개

해설 정사각형이 1개씩 불어날 때마다
성냥개비는 3개씩 불어남
4+(3+3+3+···+3)=4+42
$\underset{14개}{}$ =46(개)

10. 51개
해설 정육각형이 1개씩 불어날 때마다
성냥개비는 5개씩 불어남
6+(5+5+5+···+5)=6+45
$\underset{9개}{}$ =51(개)

11. 165개
해설 ① 10째 번 모양에서 정삼각형
(△모양)의 개수
⇒ 1+2+3+4+5+6+7+8
+9+10=55(개)
② 정삼각형 1개에 성냥개비는
3개가 필요하므로
3×55=165(개)

12. 62개
해설
100 ────────────→ 2개
101~109 → 9개 ┐
110~190 → 9개 ├──→ 20개
200 → 2개 ┘
201~300 ──────────→ 20개
301~400 ──────────→ 20개

13. 90개
해설 ① 100, 200, 300, 400, ···, 900
→ 9개
② 111, 211, 311, 411, ···, 911
→ 9개
③ 122, 222, 322, 422, ···, 922
→ 9개
④ 133, 233, 333, 433, ···, 933
→ 9개
⑤ 144, 244, 344, 444, ···, 944
→ 9개
⑥ 155, 255, 355, 455, ···, 955
→ 9개
⋮
⑦ 199, 299, 399, 499, ···, 999
→ 9개
위에서 9×10=90(개)

14. ①과 ④(밀기)
②와 ③(뒤집기)

15. ①, ②, ③, ④

16.
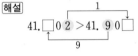
① 밀기 ② 180° 돌리기
③ 밀기 ④ 180° 돌리기
㉰ 밀기, 돌리기

최종 마무리

p. 134

01. 800만보다 500만 작은 수는 300만
이므로 구하는 수는
963501424 ←답

02. ① 1000억   ② 100억
③ 10억   ④ 1000억
⑤ 1000억   답 ③

03. 100만 원권 ➡ 934장,
10만 원권 ➡ 8장

04. ① 10억 ② 10억 ③ 1억
④ 1억 ⑤ 1억 9만
                답 ③, ④

05. 숫자 8이 나타내는 수는
① 800000 ② 800 ③ 80000
④ 8000 ⑤ 8
800000은 8의 100000배임
                답 10만 배

06. ① 9억 ② 90억 ③ 9억
④ 9억 ⑤ 9억   답 ②

07. 10억의 자리 숫자 ➡ 8
백만의 자리 숫자 ➡ 4
십만의 자리 숫자 ➡ 2
십의 자리 숫자 ➡ 0   답 ④

08. 37조 9870억-38조 9870억-
39조 9870억-40조 9870억-
41조 9870억-42조 9870억
        답 42987000000000,
        사십이조 구천팔백칠십억

09. ① 100억   ② 1000억
④ 10조   ⑤ 100억 답 ③

p. 135

10. 25003008050720   답 7개

11. 40억이 10000개 ➡ 40000000000000
                └─────┘
                  100만
                답 400만 개

12. 763127649, 765127649

13. 783억

14. 한 칸이 2000억 씩이므로

7조 7500억, 7조 9500억,
8조 1500억, 8조 3500억,
                (㉠)
8조 5500억, 8조 7500억
                답 8조 3500억

15. ① 95430<95500 ② > ③ >
④ 7080000000000>7008000000000
                답 ④, ⑤

16. ②, ①, ③, ④

17. 승기 ➡ 76310, 지혜 ➡ 20367
76310-20367=55943 ←답

18. 일의 자리 숫자가 3이면 백만의
자리 숫자는 9이므로 구하는 수는
9900003 ←답

19. 204689

20. 3012456789, 3012456798,
3012456879, 3012456897, …
                답 3012456879

p. 136

01. ②

02. 7을 곱할 때 일의 자리만 차례로
쓰면
⑦, 7×7=4⑨,
7×7×7=34③,
7×7×7×7=240①,
7×7×7×7×7=1680⑦
따라서, 7을 계속해서 곱하면 일의
자리 숫자는 7, 9, 3, 1이 반복해서
나옴
400÷4=100이므로 7을 400번 곱
할 때, 일의 자리 숫자는 1 답 1

03. ①, ②, ③, ⑤ ➡ 360000
④ 36000   답 ④

04.
```
      (5) 4  9
   ×    7 (6)
   3 (2) 9  4
   3  8 (4)(3)
  (4)(1)(7)(2) 4
```

05. 19×7=133, 133×32=4256 ←답

06. 8×3×36=24×36=864

16×9×7=144×7=1008   답 <

07. 27×58=1566 ←답

08. 식 350×250×12=1050000
                답 1050000원

09. 식 8000-6500=1500,
1500×34=51000
                답 51000원

10. 식 어른 : 950×27=25650
어린이 : 450×49=22050
25650+22050=47700
                답 47700원

p. 137

11. 2000÷20=100   답 100배

12. 각각의 몫은 ① 15 ② 25 ③ 16
㉠ 25 ㉡ 16 ㉢ 15
                답 ①-㉢, ②-㉠, ③-㉡

13. 각각의 몫은 ① 9 ② 9 ③ 9
④ 10 ⑤ 9   답 ④

14. 394÷27=14…16   답 14

15.
```
        2 8
   34)9 7 6
      6 8
      2 9 6
      2 7 2
          2 4
```
답 몫 : 28, 나머지 : 24
검산식 : 34×28+24=976

16.
```
              (2)(5)
   3 7 )(9) 3 (4)
        (7) 4
        1 (9) 4
        (1)(8)(5)
               9
```

17. 305÷97=3…14
                답 몫 : 3, 나머지 : 14

18. (어떤 수)÷45=19…13
(어떤 수)=45×19+13=868
868÷54=16…4
                답 몫 : 16, 나머지 : 4

19. 379÷45=8…19   답 9대

20. 878÷49=17…45

— 32 —

따라서, 17상자 45개임
45÷9=5(봉지)

답 17상자 5봉지

p. 138

01. ⓒ, ㉠, ㉡

02. 180°-(47°+90°)=43° ←답

03. ㉠ : 90°-60°=30°
ㄴ : 180°-125°=55°
㉠+ㄴ : 30°+55°=85° ←답

04. 360°÷12=30°
30°×4=120° ←답

05. 90°÷6=15°
각 ㄷㅇㅂ의 크기는
15°×3=45° ←답

06. 180°÷6=30°
각 ㄴㅇㅁ의 크기는
30°×3=90° ←답

07. 2직각-35°=180°-35°=145°
75°+□=145°,
□=145°-75°=70° ←답

08. ① 90°+165°=255°
② 180°+10°=190°
③ 270°-110°=160°
답 ①, ②, ③

09. ① □=260°-180°=80°
② □=354°-270°=84°
③ □=175°-90°=85°
답 ③, ②, ①

10. ㉠+ㄴ+40°=180°
㉠+ㄴ=180°-40°=140° ←답

p. 139

11. ㉠+40°+(180°-120°)=180°
㉠+40°+60°=180°
㉠+100°=180°
㉠=180°-100°=80° ←답

12. ㉠+ㄴ+(180°-95°)=180°
㉠+ㄴ+85°=180°
㉠+ㄴ=180°-85°=95° ←답

13.

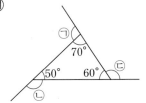

30°+90°+㉠=180°
120°+㉠=180°
㉠=180°-120°=60°
□=180°-60°=120° ←답

14. 예

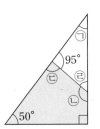

㉠=180°-70°=110°
ㄴ=180°-50°=130°
ⓒ=180°-60°=120°
㉠+ㄴ+ⓒ=110°+130°+120°
=360° ←답

참고 삼각형의 각을 다르게 잡아도
㉠+ㄴ+ⓒ의 값은 항상 360°입니
다.

15. ㉠+80°+ㄴ+120°=360°
㉠+ㄴ+200°=360°
㉠+ㄴ=360°-200°=160° ←답

16.

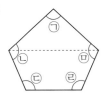

ⓒ=180°-95°=85°
사각형에서
85°+50°+90°+ㄴ=360°
225°+ㄴ=360°
ㄴ=360°-225°=135°
ㄹ=180°-ㄴ=180°-135°=45°
삼각형에서 ㉠+95°+ㄹ=180°
㉠+95°+45°=180°
㉠+140°=180°
㉠=180°-140°=40°
ㄴ-㉠=135°-40°=95° ←답

17. 사각형에서 나머지 한 각의 크기
를 ㄴ이라고 하면
135°+60°+ㄴ+85°=360°
280°+ㄴ=360°
ㄴ=360°-280°=80°
㉠+ㄴ=180°이므로
㉠+80°=180°
㉠=180°-80°=100° ←답

18. 105° 안쪽의 각의 크기는
180°-105°=75°
80°+70°+75°+□=360°
225°+□=360°
□=360°-225°=135° ←답

19.

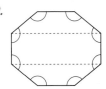

㉠+ㄴ+ⓒ+ㄹ+ㅁ
=(삼각형의 세 각의 크기의 합)
+(사각형의 네 각의 크기의 합)
=180°+360°=540° ←답

20.

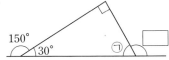

표시한 각의 크기의 합은
(사각형의 네 각의 크기의 합)×3
=360°×3=1080° ←답

p. 140

01. ㉠+55°+55°=180°
㉠+110°=180°
㉠=180°-110°=70° ←답

02. 변 ㄴㄷ의 길이가 6 cm이므로
4 cm+6 cm+6 cm=16 cm ←답

03. ㉠의 안쪽에 있는 각을 ㄴ이라 하면
63°+63°+ㄴ=180°
126°+ㄴ=180°
ㄴ=180°-126°=54°
㉠+ㄴ=180°이므로
㉠+54°=180°
㉠=180°-54°=126° ←답

04. (각 ㄱㄴㄷ의 크기)
=180°-(65°+50°)=65°
(변 ㄱㄷ의 길이)
=(변 ㄴㄷ의 길이)=12 cm
12 cm+12 cm+(변 ㄱㄴ의 길이)
=32 cm
24 cm+(변 ㄱㄴ의 길이)=32 cm
(변 ㄱㄴ의 길이)=32 cm-24 cm
=8 cm ←답

33

05. (나머지 두 변의 길이의 합)
$$=27 \text{ cm}-7 \text{ cm}=20 \text{ cm}$$
(한 변의 길이)$=20 \text{ cm}÷2$
$$=10 \text{ cm}$$
답 10 cm, 10 cm

06. 67°

07. (각 ㄴㄷㄹ의 크기)
$$=180°-(67°+67°)$$
$$=180°-134°=46°$$
(각 ㄴㄱㄹ의 크기)
$$=(각 ㄷㄱㄹ의 크기)$$
$$=46°÷2=23° ←답$$

08. 나머지 두 각을 각각 ⓛ, ⓒ이라고
하면
ⓛ+ⓒ$=180°-60°=120°$
ⓛ=ⓒ이므로
ⓛ=ⓒ$=120°÷2=60°$
따라서, 주어진 삼각형은 정삼각형
입니다.
$8 \text{ cm}×3=24 \text{ cm} ←답$

09. 나머지 두 각을 각각 ⓛ, ⓒ이라고
하면
ⓛ+ⓒ$=180°-60°=120°$
ⓛ=ⓒ이므로
ⓛ=ⓒ$=120°÷2=60°$
⊙$=180°-60°=120° ←답$

10. $36 \text{ cm}÷3=12 \text{ cm} ←답$

p. 141

11. (변 ㄱㄴ의 길이)$=5 \text{ cm}×3$
$$=15 \text{ cm}$$
삼각형 ㄱㄴㄷ의 세 변의 길이의
합은
$15 \text{ cm}×3=45 \text{ cm} ←답$

12. 가 ➡ $6 \text{ cm}+6 \text{ cm}+10 \text{ cm}=22 \text{ cm}$
나 ➡ $7 \text{ cm}×3=21 \text{ cm}$
$22 \text{ cm}-21 \text{ cm}=1 \text{ cm} ←답$

13. 정사각형의 둘레의 길이는
$9 \text{ cm}×4=36 \text{ cm}$
정삼각형의 한 변의 길이는
$36 \text{ cm}÷3=12 \text{ cm} ←답$

14. (각 ㄷㄱㄹ의 크기)$=100°-60°$
$$=40°$$
삼각형 ㄱㄷㄹ에서
(각 ㄱㄷㄹ의 크기)
$\quad$+(각 ㄱㄹㄷ의 크기)

$$=180°-40°=140°$$
(각 ㄱㄷㄹ의 크기)$=140°÷2=70°$
(각 ㄴㄷㄹ의 크기)
$$=60°+70°=130° ←답$$

15. (나머지 한 각의 크기)
$$=180°-(25°+35°)$$
$$=180°-60°=120°$$
답 둔각삼각형

16. (각 ㄴㄷㄹ의 크기)
$$=60°+90°=150°$$
(각 ㄷㄴㄹ의 크기)
$\quad$+(각 ㄷㄹㄴ의 크기)
$$=180°-150°=30°$$
(각 ㄷㄴㄹ의 크기)
$$=(각 ㄷㄹㄴ의 크기)$$
$$=30°÷2=15° ←답$$

17. 이등변삼각형, 예각삼각형

18. ② 정삼각형은 이등변삼각형이라
고 할 수 있습니다.
③ 이등변삼각형은 두 각의 크기
가 같습니다. 세 각의 크기가
같으면 정삼각형입니다.
⑤ 둔각삼각형에는 예각이 2개 있
습니다. 답 ①, ④

19. (1)
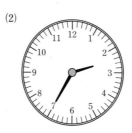

(2)

(3)

(4)

답 (1) 예각 (2) 둔각
(3) 예각 (4) 둔각

20.

답 4개

p. 142

01. 천억이 69개 ─6조 9000억
백억이 53개 ─ 5300억
천만이 654개 ─ 65억 4000만
답 7조 4365억 4000만

02. 1895장

03. 6000억 80만

04. 5⑦102⑦8953
$\overline{10000}$ 답 10000배

05. 49089420000000
↑백억의 자리 ↑1000배
답 800억

06. 50억, 5000억

07. 1조 5000억씩 커짐
답 57조 2200억, 60조 2200억,
63조 2200억

08. 5, 6, 7, 8, 9

09. ① 859조 7253억 ② 1232조…
③ 1241조… ④ 861조…
⑤ 859조 8000억
답 ③, ②, ④, ⑤, ①

10. 987654321에서 7은 7000000
102345678에서 7은 70
답 100000배

11. 큰 것부터 차례로 쓰면
888877776666444,
888877776666442,
888877776666424,
888877776666422, …
답 888877776666424

p. 143

12. ①, ②, ③, ⑤ 2720

— 34 —

④ 348　　　　　　　　　　답 ④

13. ① 562×47=26414
　　② 3074×47=144478
　　　　　　답 ① 26414 ② 144478

14. 999÷75=13…24　　　　답 14

15. 815÷56=14…31

16. ① 27 ② 26 ③ 25 ④ 24
　　　　　　답 ①, ②, ③, ④

17. 5200×24=124800 답 124800개

18. 563×34=19142
　　　　　　답 19 kg 142 g

19. 405×97=39285 ←답

20. 가장 큰 수는 나머지가 51일 때이
　　므로
　　(가장 큰 수)=52×16+51=883
　　가장 작은 수는 나머지가 없을 때
　　이므로
　　(가장 작은 수)=52×16=832
　　　　　　답 883, 832

21. 634÷30=21…4
　　　　　　답 21판, 4개

p. 144

22. ㉠의 안쪽의 각을 ㉡이라고 하면
　　㉡+33°+50°=180°
　　㉡+83°=180°
　　㉡=180°-83°=97°
　　㉠+㉡=180°이므로
　　㉠=83° ←답

23. ㉠+(180°-115°)+(180°-123°)
　　=180°
　　㉠+65°+57°=180°
　　㉠+122°=180°,
　　㉠=180°-122°=58° ←답

24. ㉠+㉡+㉢=180°,
　　㉣+㉤+㉥+㉦=360°
　　180°+360°=540° ←답

25. ㉠의 안쪽의 각을 ㉡이라고 하면
　　㉡+100°+90°+90°=360°
　　㉡+280°=360°
　　㉡=360°-280°=80°
　　㉠+㉡=180°이므로
　　㉠=180°-80°=100° ←답

26. (각 ㄱㄴㄷ의 크기)
　　=(각 ㄴㄱㄷ의 크기)=24°
　　삼각형 ㄱㄴㄷ에서

(각 ㄱㄷㄴ의 크기)
=180°-(24°+24°)=132°
(각 ㄱㄷㄹ의 크기)
=180°-132°=48°
삼각형 ㄱㄷㄹ에서
(각 ㄷㄱㄹ의 크기)
　+(각 ㄹ의 크기)
=180°-48°=132°
(각 ㄷㄱㄹ의 크기)
=(각 ㄹ의 크기)
=132°÷2=66° ←답

27.

㉠+㉡+㉢+㉣+㉤+㉥
=360°×2=720° ←답

28. 나머지 한 각의 크기를 구하면
① 90° ② 110° ③ 25°
④ 80° ⑤ 50° ⑥ 60°
　　　　답 ③, ④, ⑤, ⑥

29. ⑥

30. ① 90° ② 93° ③ 82°
④ 70° ⑤ 80° 답 ③, ④, ⑤

p. 145

01. ㉮ 72÷24=3, ㉯ 18×6=108
　　　　　　답 105

02. ① 8×(12-5)=8×7=56
　　　8×12-5=96-5=91
　② 5+7×18=5+126=131
　　　5+7×8+10
　　　=5+56+10=71
　③ (4+6)×8-10
　　　=10×8-10=80-10=70
　　　4+6×8-10=4+48-10=42
　④ (4+20)÷2-4=12-4=8
　　　4+20÷2-4=4+10-4=10
　⑤ (42÷6)×3-4
　　　=7×3-4=21-4=17
　　　42÷6×3-4=7×3-4
　　　=21-4=17　　　答 ⑤

03. 67+24-19-31=91-19-31
　　=72-31=41

67+24-(19 ○ 31)
=91-(19 ○ 31)=41
(19 ○ 31)=91-41=50
19+31=50　　　　答 +

04. 120-85÷{(13-6)×5-18}
　　　↑　↑　　↑　　↑　↑
　　　⑤　④　　①　　②　③
　　　　　　　答 13-6

05. ㉢, ㉣, ㉡, ㉤, ㉠

06. 23-(4×3+5)=23-(12+5)
　　　　　　=23-17=6
　(9+3×□)÷5=6
　9+3×□=6×5=30,
　3×□=30-9=21,
　□=21÷3=7 ←답

07. 205-8×{42÷6+3}
　　=205-8×{7+3}=205-8×10
　　=205-80=125
　　　答 42, 7, 10, 80, 125

08. 8-2×(4+5)÷3
　　=8-2×9÷3=8-18÷3
　　=8-6=2　　答 -, ×, +, ÷

09. 3×(7+3)-12÷4
　　=3×10-12÷4
　　=30-3=27　　答 ×, +, -, ÷

10. 18÷(12÷4)×2=18÷3×2=6×2
　　　　　　　　=12
　　　　　　답 (12÷4)

11. 50-(9×6+2)÷4=50-(54+2)÷4
　　=50-56÷4=50-14=36
　　　　　　답 (9×6+2)

12.
76-9×7= 13
　　　　└→ 13 +6÷2=16
　　답 76-9×7+6÷2=16

p. 146

13. 150-{8×9÷12}+30
　　=150-{72÷12}+30
　　=150-6+30=174 ←답

14. 105-{20+20÷4}×3
　　=105-{20+5}×3=105-25×3
　　=105-75=30 ←답

15. 24÷6+{3×10}=4+30
　　　　　　　　=34 ←답

16. 거꾸로 생각하면
　　㉮=(21-15)×42÷14+6

35

$=6\times42\div14+6$

$=252\div14+6$

$=18+6=24$ ←답

17. $100-12\times5+24\div8$

$=100-60+3=40+3=43$

$30+\boxed{}<43$에서 □ 안에 알맞

은 수는 1, 2, 3, 4, …, ⑫

답 12

18. 정삼각형의 둘레 :

$8\,cm\times3=24\,cm$

정사각형의 둘레 :

$6\,cm\times4=24\,cm$

식 $3\times8+6\times4=48$

답 **48 cm**

19. $30\times25-25\times9=750-225=525$

식 $30\times25-25\times9=525$

답 **525개**

20. $12\times30\div45=360\div45=8$

식 $12\times30\div45=8$ 답 **8자루**

21. 사과 5개 → $350\times5=1750(g)$

토마토 1개 → $600\div4=150(g)$

토마토 2개 → $150\times2=300(g)$

$320\times5+600\div4\times2$

$=1750+150\times2$

$=1750+300=2050$

식 $350\times5+600\div4\times2=2050$

답 **2050 g**

22. 사과 10개 → $320\times10=3200(g)$

배 1개 → $1260\div3=420(g)$

배 5개 → $420\times5=2100(g)$

$320\times10+1260\div3\times5$

$=3200+420\times5$

$=3200+2100=5300$

식 $320\times10+1260\div3\times5$

$=5300$

답 **5 kg 300 g**

23. 사과 1개 → $7200\div10=720(원)$

사과 4개 → $720\times4=2880(원)$

배 6개 → $1200\times6=7200(원)$

$7200\div10\times4+1200\times6$

$=720\times4+7200$

$=2880+7200=10080$

식 $7200\div10\times4+1200\times6$

$=10080$

답 **10080원**

---

p. 147

01.

분모	9	10	11	12	13	14	15
분자	7	6	5	4	3	2	1
합	16	16	16	16	16	16	16
차	2	4	6	8	10	12	14

답 $\dfrac{3}{13}$

02. (분자)$\div9=3\cdots5$

(분자)$=9\times3+5=27+5=32$

답 $\dfrac{32}{9}$

03. $\dfrac{20}{1}, \dfrac{20}{2}, \dfrac{20}{3}, \cdots, \dfrac{20}{20}$ 답 **20개**

04.

분모	6	5	4	3	2	1
분자	7	8	9	10	11	12
합	13	13	13	13	13	13
차	1	3	5	7	9	11

$\dfrac{10}{3}=3\dfrac{1}{3}$ 답 $3\dfrac{1}{3}$

05. $2\dfrac{3}{4}$

06. $4\dfrac{1}{6}, 4\dfrac{2}{6}, 4\dfrac{3}{6}, 4\dfrac{4}{6}, 4\dfrac{5}{6}$

07.

$4\quad 4\dfrac{2}{5}\quad 4\dfrac{4}{5}\ [5]\qquad 5\dfrac{3}{5}\quad 6$

$4\dfrac{1}{5}\qquad\qquad 5\dfrac{4}{5}$

답 ④

08. ① $3\dfrac{3}{5}>3\dfrac{2}{5}$ ② $7\dfrac{1}{4}<7\dfrac{2}{4}$

③ $7\dfrac{1}{8}<7\dfrac{2}{8}$ ④ $2\dfrac{7}{12}>2\dfrac{6}{12}$

⑤ $2\dfrac{2}{6}<2\dfrac{5}{6}$ 답 ③, ④, ⑤

09. ③, ④, ①, ②

10. $\dfrac{5}{3}, \dfrac{5}{4}, \dfrac{5}{5}$

---

p. 148

11. ① $1\dfrac{1}{5}$ ② $4\dfrac{2}{5}$ ③ $3\dfrac{1}{5}$

④ $2\dfrac{2}{5}$ ⑤ $3\dfrac{3}{5}$ 답 ③, ⑤

12. $\dfrac{15}{7}=2\dfrac{1}{7}$ 답 수영, 승미, 지성

---

13. $\dfrac{37}{9}=4\dfrac{1}{9}$, $4\dfrac{1}{9}<4\dfrac{(\ )}{9}$

답 2, 3, 4, 5, 6, 7, 8

14. $\dfrac{3}{2}, \dfrac{8}{3}, \dfrac{7}{3}, \dfrac{8}{7}$ 답 **4개**

15. $8\dfrac{5}{9}$

16. $\dfrac{4}{3}, \dfrac{5}{3}, \dfrac{7}{3}, \dfrac{8}{3}, \dfrac{5}{4}, \dfrac{7}{4}, \dfrac{8}{4}, \dfrac{7}{5}, \dfrac{8}{5},$

$\dfrac{8}{7}$ 답 **10개**

17. $\dfrac{9}{8}=1\dfrac{1}{8}$ 답 $1\dfrac{1}{8}$

18. $\dfrac{9}{2}, \dfrac{8}{2}, \dfrac{7}{2}$ 답 $3\dfrac{1}{2}$

19. $\dfrac{5}{6}, \dfrac{5}{6}, \dfrac{4}{6}, \dfrac{4}{6}, \dfrac{3}{6}, \dfrac{3}{6}, \dfrac{2}{6}, \dfrac{2}{6}$

답 **8개**

20. $\dfrac{7}{7}, \dfrac{8}{7}, \dfrac{9}{7}$ 답 **3가지**

---

p. 149

01. 9, 6, 5, 8

02. ① 0.01이 75개이면 0.75

② 0.01이 249개이면 0.249

⑤ $\dfrac{1}{100}$이 71개이면 0.71 }

$\dfrac{1}{1000}$이 8개이면 0.008 }

→ 0.718

답 ③, ④

03. 1이 72개이면 72 }

0.1이 93개이면 9.3 } → 81.3

81.3의 $\dfrac{1}{100}$은 0.813

답 0.813

04. (1) 100   (2) 1000

(3) 100   (4) 100

05. (1) 0.7은 7의 $\dfrac{1}{10}$ → ㉮$=10$

(2) 0.54는 54의 $\dfrac{1}{100}$ → ㉯$=100$

(3) 0.702는 702의 $\dfrac{1}{1000}$

→ ㉰$=1000$

답 ㉰, ㉯, ㉮

06. ① $52\,cm=0.52\,m$

② $351\,m=0.351\,km$

④ $700\,cm=7\,m=0.007\,km$

⑤ $72\,m=0.072\,km$ 답 ③, ④

07. 425 g×17=7225 g

            =**7.225 kg** ← 답

08. ② 7.5   ③ 15.7

09. 5.2<u>7</u>8 → 0.07   9.01<u>7</u> → 0.007

     7.486 → 7   5.<u>7</u>29 → 0.7

         답 7.486, 5.729, 5.278, 9.017

10. ㉠의 7 → 7   ㉡의 7 → 0.007

                   답 1000배

p. 150

11. ④

12. ①, ③, ②, ④

13. 600 m=0.6 km

     1435 m=1.435 km

     답 학교, 문구점, 도서관, 병원

14. 0.851, 0.852, 0.853, 0.854,

     0.855, 0.856, 0.857, 0.858

                    답 8개

주의 0.850은 0.85와 같은 수이므로 소
수 세 자리 수가 아님

15. 7.002 , 7.003, 7.004, 7.005, 7.006,

     7.007, 7.008, 7.009, 7.01

                    답 7개

16. 6, 7, 8, 9

17. 0, 1, 2

18. 0.745, 0.755, 0.765

19. 4.1, 4, 3.9

20. 9.41, 9.14, 4.91, 4.19, 1.94, 1.49

                  답 9.41, 1.49

p. 151

01.

순서	1	2	3	…	12
바둑돌	4	8	12	…	
규칙	4×1	4×2	4×3	…	4×12

     4×12=48(개)   답 48개

02.

순서	1	2	3	…	40
바둑돌	3	5	7	…	
규칙	2×1 +1	2×2 +1	2×3 +1	…	2×40+1

     2×40+1=80+1=81(개)

                    답 81개

03.

순서	1	2	3	…	15
바둑돌	1	3	5	…	
규칙	2×1 −1	2×2 −1	2×3 −1	…	2×15−1

     2×15−1=30−1=29(개)

                    답 29개

04.

순서	1	2	3	…	20
성냥개비	3	5	7	…	
규칙	2×1 +1	2×2 +1	2×3 +1	…	2×20+1

     2×20+1=40+1=41(개)

                    답 41개

05.

순서	1	2	3	…	15
성냥개비	4	7	10	…	
규칙	3×1 +1	3×2 +1	3×3 +1	…	3×15+1

     3×15+1=45+1=46(개)

                    답 46개

06. 위에서부터 차례로

     1 ×1, 3 ×3, 5 ×5, 7 ×7, …

     이므로

     7×7=49(개)   답 49개

주의 1, 3, 5, 7, … 의 규칙

     2×1−1, 2×2−1,

     2×3−1, 2×4−1, …

07. 맨 윗줄부터 차례로 쓰면

     1×1, 3×3, 5×5, 7×7, 9×9,

     11×11, 13×13

     1+9+25+49+81+121+169

     =455(개)   답 455개

08.

윗줄의 쌓기 나무 개수	두 줄의 쌓기 나무 개수	규칙
1	2	1×1+1
2	6	2×2+2
3	12	3×3+3
4	20	4×4+4
5	30	5×5+5
6	42	6×6+6
7	56	7×7+7
8	72	8×8+8

                    답 240개

09.

                    답 16, 32

10.

                답 $\frac{11}{243}$, $\frac{13}{729}$

11.

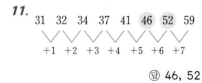

                    답 46, 52

p. 152

12.

13.

예

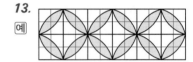

14.

예

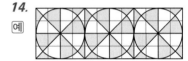

15.

16. 예 밀기와 되집기, 밀기와 돌리기
     밀기와 뒤집기와 돌리기

17.

예

18.

예

19. ①, ②, ③, ⑤ [④ 밀기]

20. ② 뒤집기나 돌리기   ⑤ 돌리기
                    답 ①, ③, ④

p. 153

01. ㉮ 120÷10÷4=12÷4=3

     ㉯ 60×5÷4=300÷4=75

     75−3=72 ← 답

02. $\{(13-7)\times6-11\}=\{6\times6-11\}$
$=\{36-11\}$
답 ⑤

03. $\{35\div7-3\}\times10+25$
$=\{5-3\}\times10+25=2\times10+25$
$=20+25=45 \leftarrow$ 답

04. $24-\{45\div15\}+3=24-3+3$
$=24 \leftarrow$ 답

05. $80-75\div\{14\div7+3\}+5$
$=80-75\div\{2+3\}+5$
$=80-75\div5+5=80-15+5$
$=70 \leftarrow$ 답

06. $3+\{(\boxed{}\times2-3)+4\}=14$
$\{(\boxed{}\times2-3)+4\}=14-3=11$
$\boxed{}\times2-3=11-4=7$
$\boxed{}\times2=7+3$
$\boxed{}\times2=10$
$\boxed{}=10\div2=5 \leftarrow$ 답

07. $12\times20\div40=240\div40=6$
식 $12\times20\div40=6$　　답 6자루

08. $20\times30-55\times8=600-440=160$
식 $20\times30-55\times8=160$
답 160마리

09. $100\times9-80\times9=900-720=180$
식 $100\times9-80\times9=180$
답 180개

10. 공책 1권 → $1250\div5=250$(원)
공책 4권 → $250\times4=1000$(원)
샤프 3자루 → $800\times3=2400$(원)
$5000-1250\div5\times4-800\times3$
$=5000-250\times4-2400$
$=5000-1000-2400$
$=1600$
식 $5000-1250\div5\times4-800\times3$
$=1600$　　답 1600원

p. 154

11. $1\frac{4}{11}>1\frac{()}{11}$
답 1, 2, 3

12. $\frac{8}{2}, \frac{9}{2}, \frac{8}{3}, \frac{9}{3}$

13. $1\frac{2}{7}$

14. $\frac{9}{3}, \frac{9}{3}, \frac{8}{4}, \frac{8}{4}, \frac{7}{5}, \frac{7}{5}, \frac{6}{6}$
답 7개

15. $\frac{23}{6}=3\frac{5}{6}$ 이므로 $3\frac{5}{6}$ 보다 작은 대분수는
$2\frac{2}{6}, 2\frac{3}{6}, 2\frac{4}{6}, 2\frac{5}{6},$
$3\frac{2}{6}, 3\frac{3}{6}, 3\frac{4}{6}$　　답 7가지

16. ⑤ 9.76입니다.　　답 ⑤

17. ④ 0.956입니다.
⑤ 0.256입니다.　　답 ④, ⑤

18. ㉠의 7→7
㉡의 7→0.007
7은 0.007의 1000배입니다.
답 1000배

19. ① 0.5 ③ 0.34 ④ 71.45

20. 1.96, 2.13, 2.47, 2.52, 2.68

p. 155

21. 8.006, 8.007, 8.008, 8.009, 8.01
답 3개

22. 7, 8, 9

23. $60.968<61.906<61.914$
답 ㉠ 0 ㉡ 0

24. 3.55, 3.65, 3.75

25. 0.16에서 0.18까지 작은 눈금이 20개이므로 음료수대 사이의 눈금 수는 $20\div5=4$(개)임
작은 눈금 한 개가 0.001 km를 나타내므로 음료수대 사이의 거리는 0.004 km임
답 0.164 km, 0.168 km,
0.172 km, 0.176 km,
0.18 km

26.

순서	1	2	3	⋯	20
성냥개비	4	7	10	⋯	
규칙	3×①+1	3×②+1	3×③+1	⋯	3×20+1

$3\times20+1=60+1=61$　　답 61개

27.

순서	1	2	3	⋯	★
검은 돌 수	1	4	9	⋯	
검은 돌 규칙	1×①	2×②	3×③	⋯	★×★
흰 돌 수	8	12	16	⋯	
흰 돌 규칙	4×①+4	4×②+4	4×③+4	⋯	4×★+4

★째 번에 흰 돌이 32개라면
$4\times★+4=32$
$4\times★=32-4=28$
$4\times★=28, ★=28\div4=7$
7째 번에 검은 돌의 개수는
$7\times7=49$(개)　　답 49개

28. [흰색 1개, 검은색 2개],
[흰색 3개, 검은색 4개],
[흰색 5개, 검은색 6개],
[흰색 7개, 검은색 8개],
[흰색 9개, 검은색 10개]의 수를
모두 합하면 55개 임

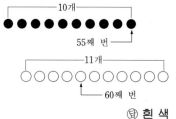

답 흰 색

29. 오른쪽 모양을 뒤집기 하였음

답 ②

— 38 —

문제
은행

2000 제 꿀꺽수학

2009 년 1 월 20 일 6 판 발행
2011 년 1 월 15 일 개정 2 판 발행

- 편저자 / 2000제 편찬위원회
- 발행인 / 김광신
- 주 소 / 서울 양천구 월정로 50 길 6
- 전 화 / (02)2607-4482
        (02)2693-7772
- FAX / (02)2699-0409
- 등 록 / 1997. 1. 24(03-963)